케밀가
기가
막혀

케미가 기가 막혀

실험으로 화학과 친해지기

ⓒ 이희나 2015

초판 1쇄	2015년 7월 27일
초판 5쇄	2023년 8월 18일

지은이	이희나

출판책임	박성규	펴낸이	이정원
편집주간	선우미정	펴낸곳	도서출판 들녘
기획이사	이지윤	등록일자	1987년 12월 12일
편집	이동하·이수연·김혜민	등록번호	10-156
디자인	하민우·고유단		
마케팅	전병우	주소	경기도 파주시 회동길 198
경영지원	김은주·나수정	전화	031-955-7374 (대표)
제작관리	구법모		031-955-7381 (편집)
물류관리	엄철용	팩스	031-955-7393
		이메일	dulnyouk@dulnyouk.co.kr

ISBN	978-89-7527-706-1 (03430)

케미가 기가 막혀

실험으로 화학과 친해지기

이희나 지음

푸른들녘

고등학교 시절 수학을 제일 좋아하는 여학생이었습니다. 정답과 오답이 분명한 수학의 명쾌함이 좋았고, 배웠던 개념을 적용해서 문제를 풀어가는 과정이 즐거웠습니다. 틀린 답이 나오면 옳은 답이 나오도록 틀린 과정을 찾아내는 것도 재밌었고 그것을 다시 고민하고 풀어가는 게 저에겐 수학의 매력이었습니다. 그러니 대학은 당연히 수학과를 지망하고 싶었죠.

그런데 수학과 진학을 꿈꾸는 저에게 주변에서 해주는 조언은 졸업해서 할 수 있는 것이 '교사'뿐이라는 말이었습니다. '수학 교사'로서는 '수학'이 전혀 매력적이지 않았습니다. 똑같은 내용을 똑같이 반복하는 '교사'는 저에게 꿈도 희망도 아니었기 때문이죠. 결국 수학 다음으로 좋아했던 화학을 제 미래라고 여겼고, 화학으로 무슨 큰 '대단한 여장부'가 되겠다고 선언한 채 화학과에 진학하였습니다.

그랬던 제가 지금은 '화학 교사'가 되었습니다. 대학을 마치면서도 절대 '교사'는 되지 않겠다고 속으로 다짐했었는데 말이에요. 그렇지만 삶에서의 경험은 정말 중요한가 봅니다. 대학을 다니며 성당 주일학교 교사를 하고, 아르바이트로 학생들을 가르쳤던 경험이 저를 '교사'로 이끌었으니. 아무래도 대학에서 원하지도 않았으면서 교직이수를 했던 것도 결국은 저를 교사로 안내하는 과정이었으리라 생각됩니다.

임용 고시를 거쳐 첫 발령이 났습니다. 일산 지역의 이름도 예쁜 많은 학교가 있었음에도 제 첫 발령지는 '○○고등학교'였어요. 왜 하필 이 학교일까를 불평만 하면서 공립 교사로서 첫 단추를 꿰었습니다.

첫 단추, 두 번째 단추를 꿰어가면서 들었던 생각은 '학생들을 잘 가르치기 위해서 죽을 만큼 열심히 공부했던 임용고시의 화학 내용을 교사들은 썩히고 있는 반면 학생들은 도로가에 즐비한 학원 간판 속으로 또 다른 선생님을 찾아 헤매고 있다는 사실'이었습니다. 힘들게 임용고시를 한 '교사'로서 학원의 선생님들에게 나의 아이들을 뺏기는 게 너무 속상했습니다.

그 현실을 고쳐보고 싶었습니다. 고3 수험생들에게는 명쾌하게 문제를 바라볼 수 있도록 수업을 해주었고, 실험에 목말라 하는 아이들에게는 해줄 수 있는 모든 실험을 쉽고 재미있게 임할 수 있도록 준비해주었죠. 대학 진학은 3학년 때 결정되는 것이 아니라 고 1때부터 준비된 아이들에게 결정되는 것임을 알았기에 과학고가 아닌 일반계 고등학교에 입학한 고1 학생들을 대상으로 화학 올림피아드와 실험 대회를 준비하도록 했습니다.

지금 돌이켜봐도 학교에서는 늘 분주하게 실험실과 교실을 왔다 갔다 했던 것 같아요. 아이들이 성과를 얻고, 기뻐하는 순간을 함께하면서 절대 교사가 되지 않겠다고 선언했던 제가 '화학 교사'가 되어 '교사로서의 행복'을 누릴 수 있었지요.

누군가 제게 살면서 언제가 가장 행복하냐고 묻는다면 '내가 가장 감사하고 행복한 순간은 아이들을 가르치러 들어가기 전 복도에서 설렘을 느낄 때이다'라고 답하겠어요. 아이들에게 새로운 세상과 소통할 수 있는 또 하나의 학문을 가르칠 수 있다는 교사임이 정말로 자랑스럽답니다.

저는 화학 교사입니다. 그런데 '화학 교사'라고 하면 모두들 "그렇게 어려운 과목을 어떻게 하세요?"라고 묻지요. 저는 그저 웃을 뿐입니다. 어렵고 복잡해 보이고, 힘들어만 보였다는 게 참으로 안타까울 뿐이죠. 화학의 세계는 우리의 일상생활에서 벌어지는 마술과도 같아요. 거창한 노벨상이나 학회지의 논문이 아닐지라도, 엄마가 온 가족을 위해 보글보글 끓이고 있는 부엌 반찬에, 우리가 숨쉬는 모든 생활의 구석구석에 수많은 화학의 세계가 녹아 있다는 의미입니다. 저는 이 책을 통해 '화학'은 어렵고 복잡해서 싫은 과목이 아니라 흥미롭고 재밌으며, 신기하고 탄성이 절로 나는 마술과도 같은 학문임을 꼭 전하고 싶어요.

이 책이 나오기까지 많은 시간을 믿고 기다려준 선우미정 실장님, 제 글을 예쁘게 책으로 만들어주신 들녘의 식구들, 10년 동안 ebs와 함께하며 화학의 세계를 더 알릴 수 있도록 도와주신 과학탐구 피디님들, 그리고 마지막으로 나의 든든한 가족들과 친구들, 사랑하는 엄마와 내 강아지 우용에게 진심으로 고마움을 전하고 싶습니다.

Con**t**ent**s**

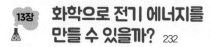

일러두기

* 본문에 등장하는 화학 용어는 교과서 편수 자료 개정에 따른 바뀐 용어 비교표를 참고하였습니다.
* 본문에서 인용하거나 참고한 도서는 모두 각주로 표기했습니다.
* 분문에 사용한 이미지는 유료 이미지 사이트 구매 혹은 저자가 직접 촬영한 것입니다.
* 본문 일러스트의 저작권은 들녘에 있습니다.
* www.ebsi.co.kr 'EBS Real 과탐 실험'에서 본문에 나오는 실험은 물론 더 많은 화학 실험 동영상을
  보실 수 있습니다.

새로운 언어, 화학식! 새로운 문장, 화학 반응식!

1장

물질의 세계를 다루는 새로운 언어,
화학식

언제부터 우리에게 화학은 제일 싫은 과목이 되었을까요? 돌이켜보면 중학교에 들어와 어려운 화학식과 복잡한 기호를 과학 선생님께서 "외워!"라고 하신 순간부터인 것 같아요. 안 외우면 혼나고, 못 외우면 시험 성적이 나빠지다 보니 낯선 용어와 화학식, 당최 등장하는 이유조차 알 수 없는 수식까지, 당연히 짜증날 수밖에 없지요. 그런데 화학은 정말 복잡함 그 자체일까요? 이 시점에서 우리는 왜 화학식을 배워야 하며, 화학 기호를 알아야 하는지 생각해볼 필요가 있습니다.

지구에는 약 70억 인구가 살고 있습니다. 그들이 사용하는 언어의 종류는 무려 6,700여 가지나 되고요. 말할 것도 없이 같은 사물을 지칭하는 언어도 서로 다르지요. 그러나 화학을 배운 사람들은 하나의 언어로 소통할 수 있습니다. 바로 물질을 나타내는 기호인 '원소 기호'와 원소 기호의 조합으로 이루어진 '화학식'을 사용해서 말이죠.

사람이 살아가는 데 꼭 필요한 '물'. 영어로는 'water(워터)', 일본어로는 'みず(미즈)', 독일어로는 'Wasser(바써)', 중국어로는 '水(shui, 쒀이)'로 나라마다 물을 표현하는 언어가 서로 다른데요. 그렇다면 전 세계를 통틀어 물을 뜻하는 언어의 종류는 몇 가지나 될까요? 지구상에 수천, 수만 가지의 언어가 존재하는 만큼 물을 뜻하는 언어도 굉장히 많을 텐데요. 자, 그럼 물을 화학식으로 표현해보겠습니다. 물을 표현하는 화학식은 유일무이(唯一無二)의 한 단어, 'H_2O'뿐이랍니다. 그렇기 때문에 앞서 말한 것과 같이 화학식을 통해 전 지구인이 하나의 언어로 사

물을 뭐라고 하지? 세계 각국의 친구들이 모여 축구 시합을 했습니다. 목이 말라 물을 마시고 싶은데, 뭐라고 말해야 모두가 공감할 수 있을까요?

물에 대해 말하고, 공감할 수 있는 것이죠. 이래도 화학식이 난감 그 자체인가요? 화학식을 '물질의 세계를 다루는 새로운 언어'라고 생각해 보세요. 그 언어를 습득하는 과정을 화학이라고 여긴다면 한결 가벼운 마음으로 화학의 문을 열 수 있을 것입니다.

우리가 사용하는 원소 기호는
어떻게 탄생했을까?

화학식을 표현하는 방법에 대해 함께 살펴봅시다. 화학식을 표현할 때 항상 등장하는 것이 바로 원소 기호인데요. 원소 기호란 '각 물질을 구성하는 원소들이 어떤 종류인지를 알려주는 표식'입니다. 즉, 화학식은 원소 기호를 이용하여 물질이 어떤 성분으로 이루어져 있는지를 말해주는 안내자 역할을 한답니다.

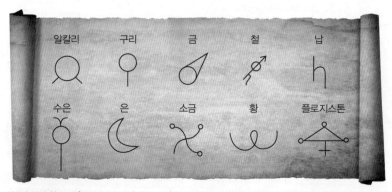

연금술사의 원소 기호: 연금술사들은 원소 기호를 자신들만 알아볼 수 있는 그림으로 나타냈는데요. 같은 원소라도 연금술사마다 나타내는 방법이 조금씩 달랐답니다.

그렇다면 화학식을 구성하는 원소 기호는 누가 만들었을까요? 원소 기호를 맨 처음 생각해낸 사람은 중세의 연금술[1]사들이었습니다. 그들은 평범한 물질들을 이용하여 금과 은 같은 귀금속을 만들기 위한 실

---

1 납이나 구리 같은 값싼 금속을 은이나 금으로 변화시키던 과학으로 근대 화학의 발달에 많은 기여를 했다.

험을 하면서 그 결과를 비밀리에 기록했어요. 이때 자기들만이 알아볼 수 있도록 그림을 이용하여 원소 기호를 표기했답니다. 원자 이론을 주장한 존 돌턴(John Dalton, 1766~1844) 역시 원소 기호를 만들었는데, 원자를 둥근 모양으로 생각하고 원을 사용하여 간단하게 표시했지요.

그런데 발견된 원소의 종류가 점차 많아지면서 그림이 점점 복잡해지고 알아보기 어려워졌습니다. 이 문제를 해결하기 위해 1813년 스웨덴의 과학자 베르셀리우스(Jöns Jakob Berzelius, 1779~1848)는 원소 기호를

돌턴과 그가 고안한 원소 기호: 돌턴은 원자를 둥근 모양으로 생각하여 원을 이용해 간단하게 나타냈습니다.

'문자', 즉 알파벳으로 나타내는 방법을 개발했어요. 지금 우리가 사용하고 있는 원소 표기법이 탄생한 순간입니다. 현재의 원소 기호는 원소 이름의 알파벳 첫 글자를 대문자로 쓰거나, 그 뒤에 가운데 글자 중 하나를 소문자로 함께 쓰는 체계를 사용하는데요. 예를 들어 금은 라틴어로 'auruum'이라 쓰고 원소 기호로는 'Au'로 표기합니다. 이처럼 고대부터 사용되어온 원소 기호는 대개 라틴어에서 따온 경우가 많아요. 또한 그 원소가 발견된 지명, 원료, 천체, 신명(신화에 나오는 이름), 인명 등 그 유래가 매우 다양하지요. 한 예로 물의 화학식인 H_2O를 살펴보면 그 안에 수소와 산소가 등장합니다. 이때 수소(H, Hydrogen)의 원소 기호는 그리스어의 '물(hydro)'과 '생긴다(genes)'에서 유래하였으며, 산소(O, Oxygen)의 원소 기호는 그리스어의 '산(oxys)'과 '생긴다(genes)'에서 유래했답니다.

현재 자연에는 약 90가지의 원소가 있는 것으로 알려져 있습니다. 그중 가장 무거운 원소는 주기율표의 92번째 원소, 우라늄(U)인데요. 과학자들은 우라늄보다 무거운 원소들을 인공적으로 만들어내고 있답니다. 특히 2010년 2월 19일, 독일 중이온 과학연구소에서 합성된 112번 원소에는 폴란드의 천문학자 니콜라우스 코페르니쿠스(Nicolaus Copernicus, 1473~1543)의 이름에서 유래한 '코페르니슘(Cn)'이라는 명칭이 부여되었습니다.

코페르니쿠스

물의 화학 반응식을 꾸며보자!

자, 이제 화학식의 세계로 좀 더 들어가보도록 할까요? 화학은 복잡한 화학식으로 꾸며진 머리 아픈 학문이 아니라 신기하고 재미있는 마술 같은 학문입니다. 왜냐하면 물질들이 반응하여 전혀 다른 새로운 물질로 생성되는 '화학 반응'을 다루기 때문이지요. 이러한 화학적 변화는 원소 기호를 이용해 모두가 알아볼 수 있는 반응식으로 표현할 수 있는데요. 지금부터 화학 반응식을 어떻게 나타내는지 알아보겠습니다.

앞서 언급했듯이 물은 인류 및 생명체가 살아가는 데 있어 가장 중요한 물질 중 하나입니다. 그런데 이 '물'은 어떻게 만들어지는 걸까요? 아침에 일어나 마시는 물 한 컵부터 자기 전 양치하며 사용했던 물에 이르기까지, 물은 일상생활 속에서 가장 흔하게 등장하는 물질입니다. 하지만 우리 모두 단 한 번도 물이 만들어지는 과정을 화학 반응식으로 꾸며볼 생각은 하지 않았을 거예요.

그럼 차근차근 물의 화학 반응식을 만들어볼까요? 먼저, 물의 화학식은 H_2O입니다. 이러한 물질이 만들어지기 위해서는 물을 구성하는 원소인 수소(H)와 산소(O)가 필요하겠죠. 여기서 수소와 산소가 가장 안정된 형태로 존재하는 물질은 각각 2원자 분자[2]인 수소 기체(H_2)와 산소 기체(O_2)입니다. 따라서 반응이 일어나는 식을 꾸며보면, 반응물인 수소 기체와 산소 기체가 만나 물이 생성되어야 하므로 $H_2 + O_2 \longrightarrow$

---

2 원자 2개가 결합하여 구성된 분자를 의미. 질소 분자(N_2), 염화 수소 분자(HCl), 수소 분자(H_2), 산소 분자(O_2) 등이 해당된다. 여기서 대부분의 2원자 분자는 분자 사이의 힘이 약하므로 끓는점이 낮아 상온에서 기체 상태로 존재한다.

H₂O로 쓸 수 있습니다. 한편, 화학 반응은 반응 전과 후로 원자가 없어지거나 새로 생성되지 않습니다. 화학을 마술의 세계라고 부르는 또 하나의 이유죠. 반응 전과 후에 물질의 종류는 달라지지만 원자수는 그대로 일정하거든요.

그렇다면 화학 반응식에서 화학식 앞에 써야할 숫자, 계수(係數)를 맞춰봅시다. 양쪽의 원자수가 같으려면 '2H₂ + O₂ → 2H₂O'이어야 함을 알 수 있겠죠? 여기에 과학자들은 각 물질의 상태도 함께 표현했는데요. 물질의 기체 상태는 g(gas), 액체는 l(liquid), 고체는 s(solid), 수용액 상태는 aq(aqueous)로 나타냅니다. 따라서 물이 생성되는 화학 반응식을 완성하면 다음과 같습니다.

$$2H_2(g) + O_2(g) \rightarrow 2H_2O(l)$$

여기서 한 가지 재미있는 사실을 확인할 수 있는데요. 화학 반응식에 있어 계수의 비는 매우 중요합니다. 반응물들끼리 서로 어떤 조합으로 만나고, 새로운 생성물이 얼마만큼 생기는지를 알려주기 때문이죠. 따라서 물이 만들어지는 화학 반응식을 해석해보면, 수소 기체 2분자와 산소 기체 1분자가 만나 물 2분자가 생성된다는 것을 알 수 있습니다. 다시 말해 계수의 비는 반응하고, 생성되는 물질의 '입자수의 비', 즉 '분자수의 비'라는 말입니다. 또한 물질이 기체인 경우, 일정한 온도와 압력에서 기체의 입자수는 부피에 비례하므로 결국 계수의 비는 '부피의 비'이기도 합니다.

100번의 말보다는 1번의 실험으로 직접 확인해보는 것이 좋겠죠? 그전에 물이 생성되는 화학 반응식의 역반응을 잠깐 생각해봅시다.

$$2H_2O(l) \rightarrow 2H_2(g) + O_2(g)$$

앞에서 설명한 것과 같이 화학 반응식의 계수의 비는 부피의 비이기도 하므로 물 분자가 분해되었을 때, 생성되는 수소 기체와 산소 기체의 부피의 비는 2 : 1이어야 합니다. 실제 실험에서는 어떻게 얻어질까요?

$$2H_2O(l) \rightarrow 2H_2(g) + 1O_2(g)$$

Chemical lab

물의 전기 분해 실험

▶▶실험 과정

$$2H_2O \xrightarrow{\text{전기 분해}} 2H_2 + O_2$$

A: 실험 준비
B: (−)극 연결 전
C: (−)극 연결 후
D: (+)극 연결 전
E: (+)극 연결 후
F: 실험 결과

1. 증류수 500mL에 전해질(황산 나트륨)을 조금 넣어 녹인다.*

2. 물의 전기 분해 장치에서 양쪽 기체가 발생하는 유리관에 연결된 콕을 연 후, 가운데 유리관으로 전해질을 녹인 증류수를 넣어준다.

3. 양쪽의 유리관에서 콕 부분까지 용액이 채워지면 콕을 닫는다.

4. 각 탄소 전극에 집게 전선을 이용하여 전원 장치를 연결한다.

5. 양쪽 유리관에서 발생하는 기체의 양을 관찰한다.(A)

6. 전원 장치를 끄고 (−)극 쪽의 유리관 끝부분에 불꽃을 가져간 후 콕을 열어 변화를 관찰한다.(B,C)

7. (+)극 쪽의 유리관 끝부분에는 꺼져가는 불씨를 가져간 후 콕을 열어 어떤 변화가 나타나는지 관찰한다.(D,E)

* 순수한 물은 비전해질이므로 전해질에 해당하는 황산 나트륨을 넣어줘야 해요. 이때 증류수 500mL 당 1스푼 정도의 전해질을 녹여주면 된답니다. 황산 나트륨 대신 수산화 나트륨을 넣어도 되지만, 황산 구리를 넣으면 물의 전기 분해가 일어나지 않으므로 전해질로는 적합하지 않겠죠?

화학 반응식은 통역사?!

실험 결과를 함께 정리해봅시다. 먼저 물(H_2O)은 수소 원자 2개와 산소 원자 1개로 구성되어 있기 때문에 2분자의 물이 분해되면 얻을 수 있는 수소 기체와 산소 기체의 입자수의 비는 2 : 1이 됩니다.

$$2H_2O(l) \rightarrow 2H_2(g) + 1O_2(g)$$

이때 계수의 비는 부피의 비이기도 하므로 부피의 비 역시 2 : 1의 비율로 얻을 수 있습니다. 이처럼 화학 반응식에서 계수의 비는 반응하고, 생성되는 입자수의 비라는 좋은 정보를 알려준답니다.

한편, 각 극에서 발생된 기체는 어떤 성질을 지녔는지 정리해봅시다. 먼저 (-)극 쪽의 유리관에 불꽃을 가져가면 '펑' 소리를 내며 연소하는 것을 관찰할 수 있습니다. 이것은 수소가 가연(可燃)성[3] 기체이므로 불꽃에 의해 연소되었기 때문에 나타나는 성질이죠. 또한 꺼져가는 불씨를 (+)극 쪽으로 가져가면 다시 활활 타오르는 것을 관찰할 수 있는데, 이것은 산소가 조연(助燃)성 기체이기 때문에 나타나는 특성입니다.

이 실험을 통해 화학 반응식은 우리에게 많은 것을 말해주는 통역사라는 사실을 알게 됐는데요. 계수의 비와 각 성분 기체의 부피비가

---

3 가연성은 물질이 연소하기 쉬운 성질, 즉 물질 자체가 타기 쉬운 특성을 말하고, 조연성은 연소에 도움을 주는 성질, 즉 다른 물질이 잘 타도록 도와주는 성질을 뜻한다.

동일하다는 사실과 물은 수소와 산소로 이루어진 화합물이기에 분해 되었을 때 성질이 다른(가연(可燃)성과 조연(助燃)성) 두 성분 기체로 얻을 수 있다는 사실을 여실히 증명해냈습니다.

화학식과 화학 반응식! 이제 더 이상 복잡한 외계어가 아니죠? 이들 의 안내를 받으며 또 다른 화학의 문을 똑똑 두드려봅시다!

존 돌턴 (1766~1844)

돌턴은 이미 발표된 질량 보존의 법칙과 일정 성분비의 법칙을 기반으로 원자설을 제시했습니다. 또한 원자설을 확인하는 방안으로 배수 비례의 법칙, 즉 '두 종류의 원소가 두 가지 이상의 화합물을 만들 때, 한 원소와 결합하는 다른 원소 사이에는 항상 일정한 정수의 질량비가 성립'함을 주장했습니다.

John Dalton

옌스 야코브 베르셀리우스 (1779~1848)

베르셀리우스는 염류 수용액의 전기분해를 함으로써 산성과 염기성 성분이 각각 양극과 음극에 모인다는 것을 밝혔으며, 세륨, 셀레늄, 토륨 등도 발견하였습니다. 그 외 많은 연구를 진행했으며 라틴명, 그리스명의 머리글자를 원소 기호로 쓰는 것을 고안했답니다.

Jöns Jakob Berzelius

연금술은 화학일까?

여러분이 생각하는 연금술에 대해 말해볼까요? 흔히 값싼 금속을 금이나 은처럼 값비싼 물질로 바꾸려는 시도를 연금술이라고 하는데요. 맞는 말이긴 합니다만 사실 연금술은 근대 과학 이전 단계의 과학과 철학적인 시도로 볼 수 있습니다. 즉 화학, 금속학, 물리학, 약학, 점성술, 기호학, 신비주의 등을 거대한 힘의 일부로 이해하려는 운동이라 할 수 있죠. 고대와 중세 유럽에서는 연금술이 귀족들을 회유하고 속이는 데 사용되기도 했습니다. 하지만 현대에 와서 화학이라는 개념이 생겨나면서 연금술은 거짓이라고 판명났고 지금은 판타지적인 개념으로 주로 사

연금술사 하인리히 쿤라드의 실험실

용하고 있지요. 그렇다면 연금술로 금을 만들 수 없는 거냐고요? 현대 기술로는 연금술이 가능하기는 합니다. 하지만 금값보다 연금술로 만든 금값이 훨씬 비싸기 때문에 만들어봤자 별로 의미가 없죠. 그렇다고 연금술을 우습게 보면 안 됩니다. 비록 미신으로 치부되고 있지만 연금술은 철학적이고, 영적인 학문으로서 의미가 있답니다.

윌리엄 더글러스 作 《연금술사》

세상에서
가장
작은 입자,
원자

2장

아침부터 저녁까지
함께하는 화학

여러분은 아침에 일어났을 때부터 지금 이 순간까지 자신과 관련된 화학 세계를 무엇으로 정의하겠습니까? "학교에서 배우는 과학", "복잡하고 어려워서 저~ 멀리 두고 싶은 교과서", "나와는 딱히 상관없는 세계" 설마 이구동성으로 이렇게 외치고 있는 건 아니겠죠? 그럼 이번에는 시간을 되돌려 아침부터 현재까지 여러분의 행동을 뒤돌아봅시다.

저는 아침에 일어나 기지개를 켜며 큰 숨을 들이쉬었습니다. 찬물로 양치질과 세수를 했고요. 예쁜 사기그릇에 밥을 담아 간단하게 아침을 먹었습니다. 간식으로 플라스틱 통에 싸온 과일도 맛있게 먹었고요.

여기까지 제 하루의 일부를 화학의 세계 안에서 다시 한 번 들여다볼까요? 먼저 아침에 일어나서 마신 큰 숨은 우리의 생명활동에 중요한 기체인데요. 공기 중 21%를 차지하는 산소 기체(O_2)는 1774년경 프리스틀리(Joseph Priestley, 1733~1804)에 의해 '플로지스톤이 없는 공기'라고 불렸습니다. 양치질과 세수를 할 때 사용했던 물은 결합각 104.5°로 굽은형 구조를 나타내는 극성 분자인 화합물로서, 생명체와 지구 환경

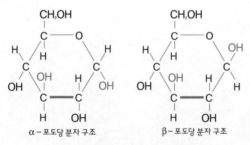

α – 포도당 분자 구조   β – 포도당 분자 구조

녹말과 셀룰로스를 구성하는 포도당 분자

alanine (Ala)	$CH_3CHCOOH$ ｜ NH_2
glycine (Gly)	$HCHCOOH$ ｜ NH_2
isoleucine (Ile)	CH_3 ｜ $CH_3CH_2CHCHCOOH$ ｜ NH_2
leucine (Leu)	$(CH_3)CHCH_2CHCOOH$ ｜ NH_2
methionine (Met)	$CH_3SCH_2CH_2CHCOOH$ ｜ NH_2

phenylalannine (Phe) ⬡—$CH_2CHCOOH$ ｜ NH_2

proline (Pro)

tryptophan (Trp) $CH_2CHCOOH$ ｜ NH_2

valine (Val) $(CH_3)_2CHCHCHCOOH$ ｜ NH_2

단백질을 구성하는 아미노산 분자

을 구성하는 데 없어서는 안 될 물질이죠. 아침에 먹은 간단한 식사는 탄수화물과 단백질 등등의 분자로서 이 또한 화학식으로 표현할 수 있는 고분자에 해당합니다.

그뿐인가요? 사기그릇은 백토를 물에 걸러 알갱이가 잔 흙만으로 빚어 유약을 바른 뒤 고온에 구워서 만든 그릇이고, 과일을 담았던 플라스틱 통은 폴리에틸렌(P.E) 계열의 고분자 화합물로서 에틸렌(C_2H_4)이라는 단위체를 이용하여 첨가 중합 반응을 통해 만든 것이랍니다. 이렇게 여러분이 먹었던 음식, 사용했던 물건을 틈틈이 살펴보세요. 구성 성분과 제작 과정의 요소 하나하나에 화학이 숨겨져 있다는 사실을 알 수 있답니다.

화학은 결코 먼 세상에 존재하는 어려운 학문이 아닙니다. 우리의 생활 속에서 머리끝부터 발끝까지, 아침에 눈을 뜬 순간부터 잠이 들 때까지 항상 함께하는 공유체(公有體)가 바로 화학입니다.

과학자들이여,
원자의 존재를 증명하라!

생활 속에 켜켜이 녹아 있는 화학의 세계에 좀 더 익숙해지기 위해서라도 우리는 주변의 물질에 관심을 가질 필요가 있는데요. 여기서 한가지 궁금증이 생깁니다. 우리 주변에는 참 다양한 물질들이 있잖아요. 그렇다면 이 물질들을 쪼개고, 쪼개고, 또 쪼갰을 때 최종적으로 이들을 구성하는 입자는 무엇일까요?

약 2500년 전, 그리스 철학자들의 시대로 돌아가봅시다. 그들은 만물의 근원에 대해 탐구했는데요. 특히 데모크리토스(Dēmokritos, BC 460~BC370 무렵)는 "만물은 미세한 입자로 되어 있다"고 주장하며, 그 입자를 'Atom(원자)'이라 칭했습니다. 'Atom'이란 그리스어로 '더 이상 분해할 수 없는 것'이라는 뜻입니다. 한편 이러한 원자설에 반대한 철학자들도 있었는데요. 그중 한 사람이 아리스토텔레스입니다. 그는 "만물은 공기, 물, 불, 흙의 네 가지로 이루어져 있다"는 '4원소설'을 주장했고, 모든 물질은 이들 4원소의 조합으로 이루어져 있다고 설명했습니다. 16세기 이후, '원소란 더 이상 나눌 수 없는 물질'로 정의되기에 이르렀지요. 이와 같은 논의에 결정적인 영향을 미친 사람이 바로 프랑스의 화학자 앙투안 라부아지에(Antoine Laurent de Lavoisier, 1743~1794)입니다. 그는 "물은 수소와 산소가 결합한 것이며, 물 자체는 원소가 아니다"라고 주장했고, 이로써 그리스시대부터 믿어왔던 4원소설이 부정되었습니다.

이때, 새로운 원소의 개념과 원자설을 결합시킨 사람이 바로 영국의

기호	명칭과 돌턴의 원자량	현재의 원자량	기호	명칭과 돌턴의 원자량	현재의 원자량
⊙	수소 ······ 1	1.008	Ⓘ	철 ······ 38	55.845
⏀	질소 ······ 5	14.007	Ⓩ	아연 ······ 56	65.38
◯	탄소 ······ 5	12.001	Ⓒ	구리 ······ 56	63.546
◯	산소 ······ 7	15.999	Ⓛ	납 ······ 95	207.2
⊛	인 ······ 9	30.974	Ⓢ	은 ······ 100	107.868
⊕	황 ······ 13	32.065		왼쪽은 돌턴이 나타낸 알코올(에탄올)의 기호이다. 당시에 알코올이 수소 1개와 탄소 3개로 이루어져 있다고 생각했음을 알 수 있다 (실제로는 C_2H_6O).	
⫿	칼륨 ······ 42	39.098			

돌턴이 생각한 원자 기호와 원자량

물리학자이자 화학자인 존 돌턴입니다. 돌턴은 원소마다 고유의 원자가 있으며 화합물은 이들 원자가 일정한 비율로 결합한 것이라고 생각했지요. 그는 1799년 프랑스의 화학자이자 약학자인 조제프 프루스트(Joseph Louis Proust, 1754~1826)가 발표한 '일정 성분비의 법칙'을 근거로 주장했습니다.

일정 성분비의 법칙이란 '화합물 안에서는 원소의 질량비가 언제나 일정하다'는 것을 말합니다. 즉 물(H_2O, 분자량 18)을 이루는 수소(H, 원자량 1)와 산소(O, 원자량 16)의 질량비는 언제나 H : O = 1 : 8 (=1×2 : 16)임을 의미하지요. 이 법칙으로부터 돌턴은 각 원소[4]는 어떤 정해진 질량을 가진 입자의 집합이며 이 입자를 '원자[5]'라고 칭했습니다. 또한 원

---

4 원소란 원자의 종류를 나타내는 표현이다.
5 원자란 형태가 있는 입자를 가리키는 표현이다.

자가 결합함으로써 화합물이 만들어진다고 주장했지요. 1803년, 그는 세계 최초로 원자 기호를 발표했으며 수소 원자를 1로 했을 때 각 원자의 질량을 '원자량'이라 하고 그 값도 계산했습니다.

그러나 원자의 존재가 실제로 증명된 것은 그로부터 100년이나 지난 뒤의 일입니다. 물리학자 알베르트 아인슈타인(Albert Einstein, 1879~1955)에 의해 원자의 존재에 대한 실제 증명 이론이 세워졌고, 프랑스의 물리학자 장 페랭(Jean Baptiste Perrin, 1870~1942)이 이를 실험으로 증명했지요.

원자를 구성하는 입자와 성질

그렇다면 원자는 어떤 입자로 이루어져 있을까요? 지구상에 흔히 존재하는 물(H_2O), 암모니아(NH_3), 이산화 탄소(CO_2) 등을 이루는 원자들은 수소(H), 탄소(C), 질소(N), 산소(O)입니다. 이들의 모형을 살펴보면 다음과 같습니다(이때 p는 양성자, n은 중성자, ⊖는 전자입니다).

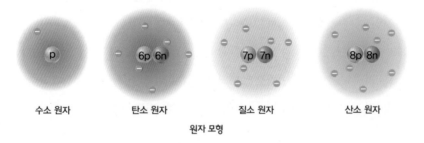

| 수소 원자 | 탄소 원자 | 질소 원자 | 산소 원자 |

원자 모형

모형에서 알 수 있듯이 어떤 원자든 각 원자를 구성하는 입자의 종류는 모두 양성자, 중성자, 그리고 전자로 이루어져 있습니다. 단지 각 원자를 구성하는 입자들의 개수나 조합 방식이 서로 달라 각기 다른 원소의 성질을 가질 뿐이죠. 그렇다면 지금부터 원자를 이루는 입자가 어떤 성질을 지녔는지 알아보도록 하겠습니다.

겨울철에 흔히 겪는 찌릿한 경험을 이야기해볼까요? 따뜻한 스웨터를 입고 친구에게 악수를 건넸을 때, 머플러를 예쁘게 두르고 주변에 있는 사물을 무심코 잡았을 때 "앗 따가워~!" 하고 손에 전기가 통했던 적이 있지요? 또 고무풍선이나 플라스틱 자를 털옷에 마구 문지른 다음 머리카락에 가까이 가져갔을 때 여러분의 머리카락이 어떻게 되었는지 떠올려보세요. 머리카락이 풍선을 따라 위로 솟구치지 않았나요? 무엇이 우리를 따갑게 한 것이며, 머리카락을 벌떡 일으킨 것일까요? 정답은 정전기입니다. 전기 현상에 대해 과학적인 설명이 가능해진 때는 19세기 말 영국의 물리학자인 조지프 존 톰슨(Joseph John Thomson, 1856~1940)이 전자의 존재를 밝혀내면서부터인데요. 전자! 도대체 어떤 성질을 지녔을까요?

1897년 톰슨은 그 당시 '물질의 최소 단위이며 더 이상 분해할 수 없는 입자인 원자'가 더욱 분해될 수 있음을 실험을 통해 증명했습니다. 즉, 전자를 발견한 것이죠.

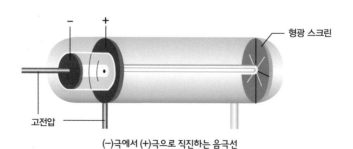

(−)극에서 (+)극으로 직진하는 음극선

톰슨은 그림과 같은 실험 장치에서 거의 진공 상태인 유리관에 높은 전압을 걸어주었을 때 양극((+)극) 쪽의 유리관에 형광 빛이 나타나는 것을 관찰했습니다. 이는 장치의 음극((-)극)에서 방출된 '무엇인가'가 양극 쪽의 유리에 부딪혀 나타나는 현상으로 생각할 수 있었지요. 톰슨은 이 '무엇인가'에 착안하여 몇 가지 실험을 한 결과, 음극선, 즉 (-)극에서 나오는 어떤 선에 대한 정체를 밝힐 수 있었답니다. 그것은 수소 원자의 약 2000분의 1이라는 매우 가벼운 질량을 가진 '음전하를 띤 입자의 흐름'이었어요.

그렇다면 실험실로 이동해서 직접 눈으로 확인해볼까요? 우리 모두 톰슨이 되어 전자의 성질을 발견한 희열과 기쁨을 맛볼 수 있을 거예요.

톰슨의 전자 발견실험

Chemical lab

▶▶ 실험 과정

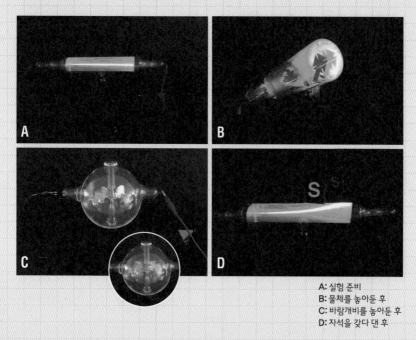

A: 실험 준비
B: 물체를 놓아둔 후
C: 바람개비를 놓아둔 후
D: 자석을 갖다 댄 후

1. 크룩스관 양 끝에 전원 장치를 연결하고 높은 전압을 걸어준다.*(A)

2. 음극선이 지나는 길에 물체를 놓아둔 후 관의 뒷면에 나타나는 현상을 관찰한다.(B)

3. 음극선이 지나는 길에 바람개비를 놓아두었을 때 바람개비가 움직이는 방향을 관찰한다.(C)

4. 음극선이 지나는 길에 자석을 가까이 가져갈 때 음극선의 움직임을 관찰한다.(D)

* 이번 실험에서 사용하는 크룩스관은 거의 진공 상태, 10^{-6}기압에 해당합니다. 그리고 걸어주는 전압은 매우 큰 전압, 10^4에 해당하고요. 고전압을 사용하므로 반드시 장갑을 착용하고 실험을 진행해야 한답니다.

원자의 구조와 원자핵

실험 결과를 함께 정리해봅시다. 먼저 음극선이 지나는 길에 물체를 놓아두자 그림자가 생겼는데요. 이는 음극에서 나오는 어떤 입자가 앞으로 나아갈 때, 물체가 있는 부분이 가려져 그 뒤에 그림자가 생기는 것으로 해석할 수 있습니다. 즉, (-)극에서 나오는 어떤 입자는 직진한다는 사실을 알 수 있지요. 한편, 음극선이 지나는 길에 놓인 바람개비는 어떻게 되었나요? 핑그르르 회전을 했는데요. 이는 (-)극에서 나온 어떤 입자가 바람개비를 밀고 움직였음을 의미합니다. 음극선이 질량을 가진 입자라는 것을 말해주지요. 마지막으로 음극선에 자석을 가까이 가져가면 음극선이 휘는 것을 관찰할 수 있습니다. 이 현상은 플레밍의 왼손 법칙[6]에 의해 전하를 띠는 어떤 입자의 흐름이 자기장에 의해 힘을 받아 휘었음을 의미합니다. 즉 음극선이 전하를 띠는 입자라는 뜻이지요.

이 당시 톰슨은 진공관 전압의 크기, 전극으로 사용한 금속의 종류, 방전관에 넣은 기체의 종류 등 다양한 변인을 두고 많은 실험을 진행하면서 변인에 관계없이 항상 전자가 방출되는 것을 확인했답니다. 톰슨의 이러한 노력에 의해 전자가 모든 원자를 구성하는 기본 입자임이

---

6 자기장 속에 있는 도선에 전류가 흐를 때 자기장의 방향과 도선에 흐르는 전류의
  방향으로 도선이 받는 힘의 방향을 결정하는 규칙.

힘 F

자계 B

왼손

플레밍의 왼손 법칙

전류 I

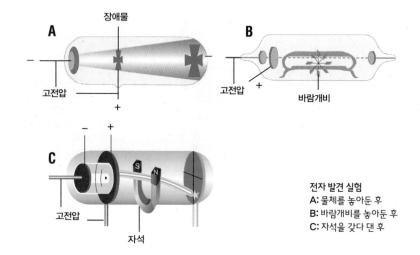

전자 발견 실험
A: 물체를 놓아둔 후
B: 바람개비를 놓아둔 후
C: 자석을 갖다 댄 후

드러났고, 그는 아래 그림과 같이 (+)전하 구름에 (−)전하를 띤 전자가 드문드문 박혀 있는 원자의 구조를 제안했습니다.

톰슨의 전자 발견 이래 원자의 구조에 대한 수많은 연구와 억측이 난무했는데요. 이 무렵 전기적으로 중성을 띠는 원자의 구성 입자 중 양전하를 띤 입자에 대한 해결의 실마리가 영국의 물리학자인 어니스트 러더퍼드(Ernest Rutherford, 1871~1937)에 의해 풀리게 되었습니다. 그는 톰슨의 제자로서 톰슨의 원자 모형을 확인하기 위해 1911년에 다음과 같은 실험을 했답니다.

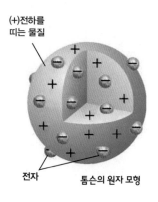

(+)전하를
띠는 물질

전자   톰슨의 원자 모형

당시에는 X선 등의 방사선이 발견된 시대로, 러더퍼드는 'α(알파)선'[7]

---

7   α입자는 원자 번호 2번인 헬륨(He)이 전자 2개를 모두 잃은 헬륨 원자핵($_2^4$He^{2+})이다.

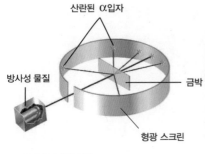

산란된 α입자

방사성 물질

금박

형광 스크린

α입자 산란 시험 장치

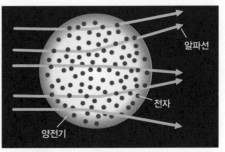

알파선

전자

양전기

톰슨의 원자 모형으로 예상한 실험 결과

이라는 강한 방사선을 연구하고 있었습니다. α선은 전자보다 약 8000배 무겁고 양전하를 띤 입자로서 매우 빨리 날아가는 무거운 입자였죠. 당시 톰슨의 원자 모형대로라면 이 입자를 원자로 향하게 해도 그대로 지나가거나 전자의 영향을 받아 진로가 약간 틀어질 것이라 예상했습니다. 또한 에너지가 큰 α입자가 마치 대포알이 종잇장을 뚫고 지나가듯이 얇은 금박을 관통할 것이라고 예상했지요. 그러나 실험 결과는 예상과 달랐습니다. 대부분의 α입자는 금박을 통과하거나 조금 휘어지는 데서 그쳤지만, 극소수의 α입자가 90°이상 크게 휘었고 진로의

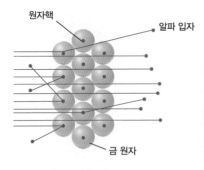

원자핵

알파 입자

금 원자

러더퍼드의 실험 결과

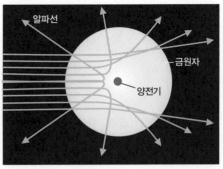

알파선

금원자

양전기

러더퍼드가 예상한 원자 구조

반대 방향으로 튀어나오는 경우도 있음을 확인했거든요. 이 실험의 결과로 러더퍼드는 원자의 대부분은 빈 공간이며 중심에 크기가 매우 작고 원자 질량의 대부분을 차지하는 (+)전하를 띤 부분이 있다고 생각했습니다. 그것이 바로 '원자핵'이지요.

그 후 원자핵을 구성하는 입자들에 대한 연구가 더해져 러더퍼드에 의해 (+)전하를 가진 기본적인 입자인 '양성자'가 발견되었습니다. 그리고 1932년 영국의 제임스 채드윅(James Chadwick, 1891~1974)에 의해 전하를 띠지 않는 중성자가 발견됨으로써 원자의 구성 입자에 대한 골격이 갖춰지게 되었죠.

원자, 세상의 만물을 구성하는 가장 기본적인 입자로서 우리가 바라보는 모든 세상 속 한 칸, 한 칸에 자리하고 있는 그들! 화학을 돋보이게 하는 또 하나의 챠밍 포인트입니다. 그런데 원자는 그들의 모습을 어떻게 세상 밖으로 드러내고 있을까요? 다음 장에서 자세히 살펴보도록 합시다.

Chemical Story 화학의 세계를 빛낸 과학자들

조제프 프루스트 (1754~1826)

프루스트는 같은 화합물을 이루는 성분 원소들의 질량비는 항상 일정하다는 일정 성분비의 법칙을 주장했습니다.

Joseph Louis Proust

앙투안 라부아지에 (1766~1844)

프랑스의 화학자 라부아지에는 대기 중 산소의 존재를 확인하고, 연소 반응이 일 어날 때 물질이 산소와 결합하여 질량이 증가한다는 사실을 밝혔습니다.

Antoine Laurent de Lavoisier

조지프 존 톰슨(1856~1940)

톰슨은 전자와 동위원소를 발견하고, 질량 분석
계를 발명한 영국의 물리학자입니다. 그는 기체
에 의한 전기 전도에 관한 실험적 연구와 전자
의 발견으로 1906년 노벨 물리학상을 수상하였
지요.

Joseph John Thomson

James Chadwick

제임스 채드윅(1891~1974)

중성자를 발견한 공로로 노벨 물리학상을 받은 영국의 물리
학자 채드윅은 '핵물리학의 아버지'로 불리는 어니스트 러더
퍼드의 제자입니다. 그는 미국 정부의 지원을 받아 핵무기 개
발의 핵심 인물로서 활동하였고, 제2차 세계대전 동안 맨해
튼 계획의 영국 팀 수장이었죠. 1945년에는 물리학 연구 공
로로 기사 작위를 받기도 했습니다.

미시 세계인 물질의 양, 몰!

2장

새로운 화학의 세계

따뜻한 햇살이 눈부신 봄, 도로 옆길에 만개한 벚꽃! 무더운 여름, 피서지에서 만난 동해의 푸른 바다! 선선한 바람이 부는 가을, 붉은 노을이 드리워진 논에서 춤추는 벼의 황금물결! 세상이 온통 하얗게 뒤덮인 추운 겨울, 우리의 마음을 설레게 하는 은빛 가루처럼 하얀 눈! 우리가 살아가는 이곳에는 봄·여름·가을·겨울, 4계절이 뚜렷한 아름다운 자연의 모습이 곳곳에 드러나 있습니다. 그런데 이 아름다운 자연 경관 속에도 화학이 숨어 있다는 사실! 믿겨지시나요?

벚꽃 나무에서 떨어진 연분홍 꽃잎과 끝없이 펼쳐진 푸른 바다, 황금 들녘 벼이삭 속에 켜켜이 채워진 낟알과 도로를 뒤덮은 반짝이는 눈의 결정에 또 다른 세계의 화학이 숨겨져 있답니다. "말도 안 되는 소리! 화학은 실험실 플라스크 안에만 있는 거 아닌가요?" 그렇다면 제 질문에 스스로 답을 한번 해보세요. 여러분은 벚꽃잎, 바닷물, 이삭 속 낟알, 눈 속 얼음 결정의 입자수를 하나하나 세어본 적이 있나요? 단언컨대 어느 누구도 멋진 자연경관을 눈앞에 두고 입자가 몇 개인지 세고 있지는 않을 겁니다. 그런데 벚꽃 잎의 입자수가 얼마나 될지 궁금하지 않나요? 그 전에 개수를 셀 수는 있을까요?

화학이 어렵게 느껴지는 여러 가지 이유 중에는 눈에 보이지 않는 미시(微示) 세계를 다루는 학문이라는 것도 있지만, 이에 더불어 자주 등장하는 수학적 단어 때문이기도 합니다. 그러나 역사적으로 화학이 발달하고 자리 잡기 시작한 시점은 화학의 세계에 수학적 표현을 적용하면서부터랍니다. 따라서 어렵다고 마음의 문을 닫아버리지 말고, 열린 마음으로 이를 받아들인다면 화학이 훨씬 더 재미있고, 명쾌한 학문임을 깨닫게 될 거예요. 자! 마음의 문을 활짝 열었나요? 그렇다면 본격적으로 화학 속 미시 세계의 양(量)[8]으로 들어가봅시다.

작아도 너무 작은 원자의 질량, 어떻게 측정하지?

화학 세계의 물질, 즉 원자 또는 분자의 크기는 매우 작습니다. 질량도 당연히 그만큼 작을 것이라 추측할 수 있고요. 따라서 화학 세계의 물질을 다루는 데 있어 이들의 실제 질량을 그대로 사용하는 것은 아주 불편하겠죠? 이를 해결하기 위해 화학자들은 "누군가를 기준으로 한 다음 상대적으로 크기를 말한다면 어떨까?" 하고 생각했답니다. 즉, 어떤 원자의 질량을 기준으로 정한 후 다른 원자의 질량이 기준 질량의 몇 배인가로 나타내는 상대적 질량을 적용해 원자의 질량을 훨씬 간단하게 표현하는 것이죠.

예를 들어 탄소 원자 1개의 질량은 1.99×10^{-23}g 인데 반해 상대적 질량은 12라고 할 때, "탄소의 질량은 일점 구구 곱하기 십의 마이너스 이십삼 제곱이야"라고 읽는 것과 "탄소의 상대적 질량은 십이야"라고 읽는 것! 여러분은 둘 중 어떤 것이 더 와 닿으세요? 당연히 12가 읽기도 훨씬

---

8 사물의 존재 방식을 나타내는 말. 사물의 질적인 규정을 제거하여 여전히 남아 있는 사물의 측면으로, 일정한 단위로 측정할 수 있다.

편하고 쉽게 와 닿지요! 이 장에서는 원자들이 갖는 상대적 질량인 '원자량'에 대한 개념과 분자들이 갖는 상대적 질량인 '분자량'에 대한 개념을 먼저 알아보도록 합시다. 그 전에 지금으로부터 약 210여 년을 거슬러 당시 과학자들이 어떻게 생각을 전개했는지 먼저 살펴볼까요?

원자량이 처음 쓰인 때는 1800년 초 돌턴에 의해서입니다. 1808년, 돌턴은 2000년이 넘게 학계를 지배하던 4원소설[9]을 부정하고 만물은 원자로 이루어졌다는 원자론을 제시했지요. 그러나 그의 원자설은 제안된 후 약 50년 동안은 인정받지 못했습니다. 왜냐하면 당시에는 원자의 개수를 세는 문제가 해결되지 않아 "만물은 더 이상 쪼개지지 않는 원자로 이루어져 있다"고 주장하기 힘들었거든요. 화합물의 화학식을 결정하기 위해서는 '어떤 원소 몇 개가 다른 원소 몇 개와 결합하는지' 알아야 합니다. 이 당시에는 이미 어떤 원소의 일정량과 결합하는 다른 원소의 양은 실험적으로 결정되어 있었는데요. 그 화합물 속에 어떤 원소가 몇 개씩 들어 있는지는 알 수 없었기에 화학식을 정할 수 없었고, 화합물을 구성하는 원소들의 원자량도 정할 수 없었던 것이죠.

그런데 생각해보면 평균적인 원자의 크기는 1000만분의 1mm로서 최고로 성능이 뛰어난 현미경으로도 구분해내기 어려울 정도로 작은 크기입니다. 따라서 화학 반응에 참여하는 원자의 개수를 세는 일은 애초에 불가능하지요. 여기까지 생각이 미친 돌턴은 다른 방법을 연구했습니다. 그는 "두 가지 원소가 단 한 가지 화합물만 만든다면, 그 화

---

9 기원전 5세기 고대 그리스의 엠페도클레스는 '물, 불, 흙, 공기'가 만물의 토대가 되는 원소라고 생각했다. 기원전 4세기, 이 '4원소설'은 고대 아리스토텔레스에 의해 발전해 그 후 2000년 동안이나 사실로 전해졌다.

합물은 각각 원소 1개씩의 결합으로 이루어진 2원자 화합물이 될 것"
이라고 주장했지요. 왜냐하면 1820년대에는 '일정한 화합물을 구성하
는 모든 단체의 질량비는 일정하다(1799)'라는 프루스트의 법칙이 나온
뒤였거든요. 돌턴은 이 이론에 기초하여 원자의 상대적 질량을 결정하
고자 한 것입니다. 그는 원소 간의 반응이 일정한 질량비로 이루어지는
것은 물질이 고유한 질량을 갖고 있으며 이들이 일정한 개수 비로 반응
하기 때문이라고 생각했죠. 만약 화합물을 구성하는 원자수가 1:1이라
면, 성분 원소의 질량비는 곧 원자량의 비라고 둘 수 있다는 것입니다.
즉, 돌턴은 "화합물을 구성하는 원자수는 단순성의 원리에 의해 1:1의
비율로 결합되어 있다"는 주장을 펼쳤는데요. 예를 들어 물을 구성하는
입자를 ◉(수소)와 ○(산소)로 두면 '물 → 수소 원자 + 산소 원자', 즉
'◉○ → ◉ + ○'이므로 물의 구성 원소의 질량비는 수소 원자의 질량
과 산소 원자의 질량비와 같다는 생각이었죠. 돌턴은 이와 같은 논리
로 20가지에 이르는 원자의 상대적 질량을 정하고 표로 정리했습니다.

그의 생각은 여러 가지 화합물을 설명하는 데 성공하지 못했고, 과
학적 타당성이 부족하다는 한계를 지닙니다. 그러나 가장 중요한 점은
화학적 결합 비율을 이용해 원자량을 측정하는 방법을 발견했다는 데
에 있다는 사실을 잊지 마세요.

화학자들의 원자량 실험

한편, 동시대의 과학자인 프랑스의 게이 뤼삭(J. L Gay-Lussac, 1778~1850)

은 또 다른 제안을 했습니다. 그는 모험심과 실험 정신이 뛰어난 화학자였는데요. 1804년 기구로 7000미터 상공까지 올라가 공기의 성분 연구를 하던 중 기체의 성분비(부피비)를 측정할 수 있는 실험 기술을 터득하게 되었답니다. 1809년 그는 게이 뤼삭의 제2법칙이라고 하는 '기체 반응의 법칙', 즉 기체의 반응에서 부피비가 정수비가 되는 법칙을 발견했는데, 이로부터 돌턴의 원자량 가설에 결함이 있음을 지적합니다. 그가 제안한 바에 따르면 수소와 산소가 반응하여 수증기가 생성되는 반응에서 각 성분 기체의 부피비는 2:1이 되는데, 이는 물을 구성하는 수소 원자수와 산소 원자수의 비가 돌턴이 예상한 대로 1:1이 아닌, 2:1이라는 뜻이지요. 돌턴의 주장이 틀렸다는 논리입니다.

게이 뤼삭의 발견은 아메데오 아보가드로(Amedeo Avogadro, 1776 ~ 1856)가 원자의 개수를 세는 데에 도움을 주었습니다. 1811년 아보가드로는 서로 다른 종류의 원소라 할지라도 같은 온도와 압력, 같은 부피에서는 같은 수의 입자가 들어 있을 것이라는 가설을 발표했죠. 이 가설은 화학 반응에 참가하는 원자들의 개수를 알아보는 데 있어 기체의 부피만 측정하면 원자의 개수를 셀 수 있다는 것을 의미했습니다. 즉, 부피의 비가 원자 개수의 비와 같다는 논리죠. 그러나 이것 역시 모든 것을 해결해줄 수는 없었습니다. 왜냐하면 '염화 수소(HCl)의 생성 반응'과 같은 상황에서는 한계에 부딪혔거든요. 자, 보세요. 수소 원자 1개와 염소 원자 1개가 결합하면 염화 수소 분자 1개가 만들어져야 하므로 이를 부피로 생각해볼 때 수소 1부피와 염소 1부피가 만나면 염화 수소 1부피만 생성되어야 한다는 결론을 얻을 수 있습니다.

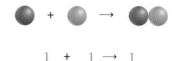

$$1 + 1 \rightarrow 1$$

그런데 좀 이상하지 않나요? 이때 당시 아래와 같은 화학 반응식을 꾸밀 수는 없었지만, 실험으로 얻은 결과에 따르면 실제로 수소 1부피와 염소 1부피가 결합하면 2부피의 염화수소가 만들어졌답니다.

$$H_2 + Cl_2 \rightarrow HCl(\times) \Rightarrow 1H_2 + 1Cl_2 \rightarrow 2HCl$$

만약 아보가드로의 말이 옳다면 아래 그림과 같이 원자가 결합하는 과정에서 각각의 원자는 절반씩 분열하여 2개의 염화 수소 분자를 형성해야 된다는 논리입니다. 원자는 절반으로 분열될 수 없죠!

1강에서 배웠던 내용을 기억하세요! 화학 반응식에서 계수의 비는 반응하고 생성되는 입자 수의 비이며, 기체인 경우 부피의 비이기도 합니다.

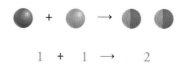

$$1 + 1 \rightarrow 2$$

아보가드로는 이 문제를 해결하기 위해 '수소와 염소는 각각 2개의 원자가 결합된 2원자 분자(H$_2$, Cl$_2$)'라고도 주장했습니다. 그러나 당시의 화학계에서는 같은 원자끼리의 결합은 서로간의 반발에 의해 존재하기 어렵다는 것이 일반적인 견해였어요. 특히 그 시대를 이끌었던 스웨덴의 화학자 베르셀리우스(Jöns Jakob Berzelius, 1779~1848)가 강력하게 2원자 분자의 존재를 부정했기 때문에 아보가드로의 가설은 쉽게 받아들여지지 못했죠.

원자량에 대한 실험은 계속되었습니다. 당시 실험에 남다른 재능을 지녔던 베르셀리우스는 스스로 고안한 저울을 사용하여 매우 정밀하게 원자의 질량을 측정하였고, 실험적 법칙을 수용하여 원자량 표도 새롭게 만들었죠.

과학자들의 이러한 노력에도 불구하고 1860년대까지 화학은 원자량, 분자량, 화학식량에 대한 명쾌한 해결책을 내놓지 못한 채 큰 혼란을 겪었습니다. 그러다 1860년 9월 3일, 최초의 국제 화학 회의가 개최되었고 이탈리아 제노바 대학의 교수였던 카니차로(Stanislao Cannizzaro, 1826~1910)는 참석자들에게 배포한 논문으로부터 아보가드로 가설에 대한 정당성을 강조하였지요. 그는 수소 기체의 분자량에 대해, "수소의 원자량을 1로 기준했을 때 분자량은 원자량의 2배에 해당한다"고 주장했습니다. 그 이유는 기체의 분자가 2개의 원자로 이루어진 2원자 분자(H_2)이기 때문에 모든 원자나 분자는 종류에 관계없이 같은 온도, 같은 압력에서 같은 부피와 같은 수의 입자를 가지고 있을 수 있다는 것이었죠.

$$2H_2(g) + 1O_2(g) \rightarrow 2H_2O(g)$$

$$1H_2(g) + 1Cl_2(g) \rightarrow 2HCl(g)$$

아보가드로의 가설에 대한 카니차로의 설득은 그 당시 대부분의 화학자들에게 받아들여졌습니다. 아보가드로의 가설에 의해 원자의 개수를 셀 수 있게 되자 원소의 원자량과 분자량, 그리고 여러 가지 화합물의 화학식도 결정할 수 있게 되었답니다.

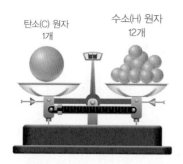

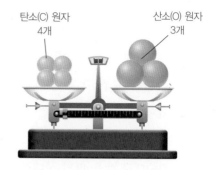

산소의 원자량: 탄소의 원자량이 12이므로 탄소 원자 1개의 질량과 수소 원자 12개의 질량이 같다면 수소의 원자량은 '1'이 됩니다. 또한 탄소 원자 4개의 질량과 산소 원자 3개의 질량이 같으므로 산소의 원자량은 '16'이 되지요.(4×12 = 3×16)

한편 1960년대 이전에 화학자와 물리학자들 간에 원자량에 대한 의견 충돌이 있기도 했어요. 같은 원소에 대해 서로 다른 원자량을 쓴 것이죠. 이때 당시에는 산소의 원자량을 16으로 정한 뒤 다른 원소의 상대적 질량을 원자량으로 취급했는데요. 그 과정에서 산소의 동위 원소[10]의 존재로 인해 의견 차이가 발생했답니다. 그러나 1960년대 이후부터는 IUPAC(국제 순수 및 응용화학연맹)에 의해 탄소의 원자량을 12로 정하고 이를 기준으로 환산한 원자들의 상대적 질량값을 사용하게 되었습니다.

1몰은 얼마나 큰 수일까?

자! 이제부터 원자량과 그 원자 속 입자수는 어떤 관계가 있는지 생각

---

10 양성자 수가 같아 원자 번호가 같지만, 원자핵 속에 들어 있는 중성자 수가 달라 질량수가 다른 관계로서 화학적 성질은 같지만, 물리적 성질이 다른 관계

해볼까요? 원자량은 상대적 질량임에 틀림없습니다. 그렇다면 원자량에 g을 붙인 실제 질량에는 몇 개의 원자가 들어 있을까요? 원자나 분자 같은 입자들은 매우 작기 때문에 원자 1개의 질량은 엄청 작을 텐데요. 우선 앞에서 언급한 3가지 원자만 살펴보도록 합시다. 탄소(C), 수소(H), 산소(O)의 원자량은 각각 12, 1, 16입니다. 이들은 모두 탄소(C)의 원자량 12를 기준으로 했을 때의 상대적 질량이지요. 그렇다면 실제로 탄소 원자 12g, 즉 원자량에 g을 붙인 질량에는 몇 개의 원자가 들어 있을까요? 과학자들은 다양한 실험[11]을 통해 원자의 입자수를 밝혀냈습니다.

바로 탄소(C) 원자 12g에는 탄소(C) 원자 '6.02×10^{23}개'가 들어 있다는 사실! 이때 원자량은 상대적 질량이라고 했으므로 탄소 원자 1개의 질량이 12라면, 수소 원자 1개의 질량은 1, 산소 원자 1개의 질량은 16이라고 볼 수 있죠. 따라서 탄소 원자 6.02×10^{23}개의 질량이 12g이라면, 수소 원자 1g과 산소 원자 16g 속에도 각각 6.02×10^{23}개의 원자가 존재함을 의미합니다. 프랑스의 물리학자 페렝(Jean Baptiste Perrin, 1870~1942)은 이 수를 이탈리아의 과학자인 아보가드로를 기념하여 '아보가드로수'라고 명명하였습니다.

여기서 잠깐! 아보가드로수라고 하는 6.02×10^{23}개는 현실적인 개수로 받아들이기에는 너무 크고, 발음하기에도 꽤나 번거로운 숫자입니다. 아보가드로수를 '육점 영이 곱하기 십의 이십삼 제곱' 말고 좀 더 간단하게 말할 수는 없을까요? 예를 들어 연필 12자루를 1다스로, 달걀 30개를 1판으로, 마늘 100개를 1접으로 말하듯이 말이죠. 과학자들

---

11 X선을 이용하는 방법 또는 전자의 전하량으로부터 구하는 방법

은 이렇게 매우 큰 입자수의 존재에 대한 중요성을 인식했고, 이를 좀 더 간단하게 하고자 아보가드로수($6.02×10^{23}$개)만큼 모인 집단에 있어서 '1몰(mole)'[12]이라는 명칭을 사용하기 시작했습니다. 즉 원자가 아보가드로수만큼 존재할 때는 '원자 1몰'이 되며, 분자가 아보가드로수만큼 존재할 때는 '분자 1몰'이 된다는 뜻이죠.

그렇다면 아보가드로수인 $6.02×10^{23}$은 도대체 얼마나 큰 수일까요?

$$602,214,199,000,000,000,000,000$$

몇 가지 비유를 들어볼게요. 지름 1cm짜리 구슬 1몰 개는 지구 표면을 80km 높이만큼 덮을 수 있는 양이랍니다. 수박씨 1몰 개가 들어간 수박의 크기는 달보다 약간 더 크며, 천 원짜리 1몰 개를 일렬로 세워놓은 거리의 길이는 지구에서 가장 가까운 은하인 안드로메다은하까지를 잇는 거리의 5.9배에 해당하는 숫자죠. 어때요? 그만큼 1몰은 엄

원자 또는 분자	수소	탄소	질소	산소	물	포도당
원자량 또는 분자량	1	12	14	16	18	180
1몰의 개수	$6.02×10^{23}$개					
1몰의 질량	1g	12g	14g	16g	18g	180g

원자 또는 분자의 아보가드로수(몰 mole)

---

12 입자수가 아보가드로수만큼 있을 때의 양을 몰(mole)이라고 하며, 이것을 단위로 사용할 때는 mol 로 쓴다. 1몰(mol)=$6.02×10^{23}$개

청나게 큰 수라는 뜻입니다!

정리해보자면 원자량이 1인 수소(H) 원자 1몰의 질량은 1g이고, 수소 기체(H_2) 분자 1몰의 질량은 분자량에 g을 붙인 값에 해당하므로 2g이 됩니다(1×2). 또한 원자량이 16인 산소(O) 원자 1몰의 질량은 16g이고, 산소 기체(O_2) 분자 1몰의 질량은 32g이 되지요(16×2).

자, 이제 실험을 통해 여러 가지 물질의 1몰에 해당하는 양을 직접 측정해볼까요?

물질의 아보가드로수

Chemical lab

▶▶실험 과정

구리(Cu)

염화 나트륨(NaCl)

A 물(H₂O)

탄소(C) 가루

철(Fe) 가루

황(S) 가루

A: 실험 준비

1. 물(H_2O) 1몰에 해당하는 질량을 구한 후 눈금 실린더 100mL에 넣는다.(A)

2. 탄소(C) 가루, 염화 나트륨(NaCl), 철(Fe) 가루, 황(S) 가루에 대해 각각 1몰에 해당하는
   질량을 구한 후 비커에 넣는다.(A)

3. 구리(Cu) 1몰에 해당하는 질량을 구한 후 그에 맞게 구리판을 자른다.(A)

4. 각 물질 1몰의 질량을 비교한다.

기체 1몰의 양도 구해보자!

실험 결과를 함께 정리해봅시다. 먼저 물(H_2O)의 분자량은 18(=수소 원자량(1) × 2 + 산소 원자량(16))입니다. 따라서 물 1몰의 질량은 18g이 되고, 탄소(C) 가루 1몰의 질량은 원자량 12에 g을 붙인 12g이 되지요. 염화 나트륨(NaCl), 즉 소금의 화학식량[13]은 나트륨(Na)의 원자량 23.0과 염소(Cl)의 원자량 35.5에 대한 합인 58.5이므로 1몰의 질량은 58.5g이 됩니다. 철(Fe)과 황(S)의 원자량은 각각 55.8과 32이므로 1몰의 질량은 각 원자량에 g을 붙인 55.8g과 32g이 되고요. 질량은 저마다 제각각이지만, 이 속에는 모두 1몰($6.02×10^{23}$)개의 성분입자가 존재한다는 뜻입니다.

한편, 지금까지 다룬 입자들은 눈에 보이는 고체 덩어리이므로 이에 대한 1몰의 질량은 전자저울을 이용해 쉽게 구할 수 있었는데요. 그렇다면 기체 1몰의 양은 어떨까요? 기체 1몰에도 질량이 있을 것이고, 그에 따라 기체가 차지하는 공간, 즉 부피도 있을 텐데요. 먼저 기체 1몰의 질량은 앞의 실험과 같은 맥락으로 기체의 분자량에 g을 붙인 값에 해당합니다. 따라서 수소 기체(H_2), 산소 기체(O_2)는 각각 2g과 32g이며, 그 안에 각 기체가 모두 1몰 개씩 있다는 말입니다. 그럼 각 기체 1

---

13 염화 나트륨은 이온 결합 물질로서 분자라는 용어를 사용하지 못한다. 따라서 분자량이라는 용어 대신 화학식량이라는 용어를 사용한다.

몰이 차지하는 부피는 얼마가 될까요?

1811년에 제안된 아보가드로 법칙에 따르면 '기체는 종류에 관계없이 같은 온도와 같은 압력 하에서는 동일한 부피 속에 같은 수의 분자가 들어 있다'고 하였으므로 이를 이용하면 부피를 쉽게 구할 수 있습니다. 즉 온도와 압력만 같다면, 같은 공간 안에는 같은 개수의 기체 입자가 들어 있기 때문에 이를 근거로 구한 기체 1몰이 차지하는 부피는 0℃, 1기압에서 22.4L가 되지요. 이 값은 무엇을 의미할까요? 풍선에 산소 기체 1몰의 질량에 해당하는 32g을 넣어둔 다음 입구를 새지 않도록 꽁꽁 막은 후 0℃, 1기압에서 부피를 측정하면 22.4L가 된다는 뜻입니다! 여러분도 쉽게 기체 1몰 개를 만들 수 있는데요. 우선 가로, 세로, 높이가 28.2cm인 정육면체를 만드세요. 그리고 0℃와 1기압의 조건에 그 상자를 가져다 놓습니다. 그러면 상자 속 기체의 개수는 아마도 1몰 개, 즉 6.02×10^{23}개가 될 것입니다.

기체	수소(H_2)	산소(O_2)	이산화 탄소(CO_2)
몰수	1몰	1몰	1몰
분자수	6.02×10^{23}개	6.02×10^{23}개	6.02×10^{23}개
질량	2g	32g	44g
기체의 부피 (0℃, 1기압)	22.4L	22.4L	22.4L

상자 속 기체 1몰 개의 질량과 부피

이제 앞에 등장했던 벚꽃 잎, 푸른 바다 속 물 입자, 이삭 낱알, 소복하게 쌓인 눈 속 얼음 결정으로 다시 돌아가볼까요? 아름다운 사계(四季) 속 자연경관에는 무수히 많은 입자들이 존재합니다. 우리는 미적 풍경을 바라보며 아무도 그 수를 세려고 하지 않지요. 수의 의미가 우리에게 그다지 중요한 것도 아니고요. 그러나 화학의 미시 세계에서 양의 의미는 다릅니다. 화학 반응을 다루는 데 있어 각 입자들끼리 관계를 형성하여 새로운 물질이 탄생하게 되므로 그 양적인 표현인 1몰 (6.02×10^{23}개)은 매우 중요하답니다.

Chemical Story 화학의 세계를 빛낸 과학자들

아메데오 아보가드로 (1776 ~ 1856)

아보가드로는 1811년 아보가드로 가설을 발표했습니다. 그는 기체 밀도의 비에서 기체 물질의 분자량을 결정하는 방법과 그 근거가 되는 가설을 주장했지요.

Amedeo Avogadro

게이 뤼삭 (1778~1850)

1808년, 기체 팽창의 법칙을 발견한 게이 뤼삭은 그 밖에 붕소 분리법, 칼륨과 나트륨을 만드는 법 등을 발견하면서 화학의 역사에 큰 업적을 남겼습니다. 또 황산 제조법을 개량하고, 게이 뤼삭의 탑을 고안하는 등 많은 업적을 남겼지요.

J. L Gay-Lussac

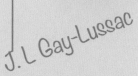

화학의
달력,
주기율표!

4장

화학의 달력이자 화학 여행의 지도, 주기율표

새해가 되면 사람들은 새로운 1년을 맞이하며 달력을 넘겨보곤 합니다. 달력에는 1월부터 12월까지, 28~31개의 날짜가 나열되어 있는데요. 그냥 쭉 적혀 있는 것이 아니라 월요일부터 일요일까지 정해진 '요일'의 위치에 자리를 잡고 한 달, 나아가 1년을 구성하고 있지요. 이때 달력은 우리에게 어떤 의미일까요? 새 달력을 받으면 우리는 중요한 날을 표시해둡니다. 여행 일정이나 가족과 친구들의 생일, 새로운 계획을 적어두기도 하죠. 달력은 앞으로 일 년 동안 생활의 틀을 잡아주는 도구가 됩니다. 뿐만 아니라 달력에서 겉으로 드러나지 않는 자신만의 감정 상태를 엿볼 수도 있답니다. 반복되어 돌아오는 월요일에 대한 공포감, 바쁜 스케줄로 인한 주중의 스트레스, 불금(불타는 금요일)이 주는 즐거움, 주말의 여유로운 마음이 달력에서도 드러나지요. "다음주 ○요일에는 ○○를 해야 하는군." 이렇게 달력은 생활 속에서 사람들의 일정을 미리 알려주고, 규칙적인 계획을 짤 수 있도록 도와줍니다. 그런데 여러분, 화학에도 달력과 같이 일정한 간격을 두고 반복되어 나타나는 '요일' 같은 규칙이 있다고 하면 믿어지세요?

1869년, 러시아의 멘델레예프(Dmitri Ivanovich Mendeleev, 1834~1907)는 상트페테르부르크 대학에서 교수 생활을 하며 화학 교과서 『화학의 원리』를 집필했습니다. 그는 교과서를 쓰는 동안 화학 원소들 간의 관계를 연구하고자 노력했는데요. 당시 알려져 있던 63개의 원소를 각각 한

ОПЫТЪ СИСТЕМЫ ЭЛЕМЕНТОВЪ.

ОСНОВАННОЙ НА ИХЪ АТОМНОМЪ ВѢСѢ И ХИМИЧЕСКОМЪ СХОДСТВѢ.

```
                    Ti = 50    Zr = 90    ? = 180.
                     V = 51    Nb = 94   Ta = 182.
                    Cr = 52    Mo = 96    W = 186.
                    Mn = 55    Rh = 104,4 Pt = 197,1.
                    Fe = 56    Rn = 104,4 Ir = 198.
                 Ni = Co = 59  Pl = 106,6 O- = 199.
    H = 1                      Cu = 63,4  Ag = 108  Hg = 200.
          Be = 9,4 Mg = 24  Zn = 65,2  Cd = 112
          B = 11   Al = 27,4 ? = 68    Ur = 116  Au = 197?
          C = 12   Si = 28   ? = 70    Sn = 118
          N = 14   P = 31   As = 75    Sb = 122  Bi = 210?
          O = 16   S = 32   Se = 79,4  Te = 128?
          F = 19   Cl = 35,6 Br = 80   I = 127
    Li = 7 Na = 23 K = 39   Rb = 85,4  Cs = 133  Tl = 204.
                   Ca = 40  Sr = 87,6  Ba = 137  Pb = 207.
                   ? = 45   Ce = 92
                  ?Er = 56  La = 94
                  ?Yt = 60  Di = 95
                  ?In = 75,6 Th = 118?
```

멘델레예프의 원소 나열   Д. Мендѣлѣевъ

장의 카드로 만들고, 원자가(原子價)[14] 등 그 원자에 대해 필요한 정보를
함께 적어두었습니다. 그는 카드를 원소의 성질에 따라 나열해보기도
했답니다. 그러던 어느 날, 낮잠을 자던 멘델레예프는 문득 "원자량 순
서대로 카드를 나열하면 논리적이지 않을까?" 하는 아이디어를 떠올렸

---

14 원자에 포함된 전자는 아무렇게나 위치하지 않고, 양파의 껍질과 같이 자신의 정해진 위치에 놓이
    게 된다. 이때 화학 반응에 참여하는 전자는 가장 바깥 껍질에 존재하게 되고, 이렇게 가장 바깥 전
    자껍질에서 얻거나 잃게 되는 전자 수를 '원자가'라 부른다. 한편 가장 바깥 전자껍질의 전자는 8개
    (단, 가장 안쪽 전자껍질인 K껍질은 2개)일 때 가장 안정하다.

습니다. 원자량은 '원자의 부피'와 원자 속에 있는 '양성자', 그리고 '전자의 수'와 관계가 있기 때문이었죠. 멘델레예프는 원자량 순서대로 카드를 나열하면서 인상적인 점을 발견하게 됩니다. 그는 원자를 원자량 순서대로 왼쪽 위에서부터 아래로 늘어놓으며 성질이 비슷한 원소를 바로 옆줄에 오도록 배열했는데요. 무리하게 꿰어 맞추지 않고, 유사한 성질을 나타내는 원소가 없는 경우에는 그 자리를 쿨 하게 빈칸으로 내버려두었습니다.

멘델레예프는 가로줄에 8장씩 카드를 놓으며 표를 만들었는데요. 그러다 깜짝 놀랄 만한 발견을 하게 됩니다. 바로 같은 열(세로줄)에 있는 원소들의 성질이 서로 비슷하다는 사실이었지요. 그는 아직 발견되지 않은 원소들 역시 빈칸으로 비워둔 채 나머지를 각각의 성질에 따라

Reihen	Gruppe I. — R²O	Gruppe II. — RO	Gruppe III. — R²O³	Gruppe IV. RH⁴ RO²	Gruppe V. RH³ R²O⁵	Gruppe VI. RH² RO³	Gruppe VII. RH R²O⁷	Gruppe VIII. — RO⁴
1	H=1							
2	Li=7	Be=9,4	B=11	C=12	N=14	O=16	F=19	
3	Na=23	Mg=24	Al=27,8	Si=28	P=31	S=32	Cl=35,5	
4	K=39	Ca=40	—=44	Ti=48	V=51	Cr=52	Mn=55	Fe=56, Co=59, Ni=59, Cu=63
5	(Cu=63)	Zn=65	—=68	—=72	As=75	Se=78	Br=80	
6	Rb=85	Sr=87	?Yt=88	Zr=90	Nb=94	Mo=96	—=100	Ru=104, Rh=104, Pd=106, Ag=10
7	(Ag=108)	Cd=112	In=113	Sn=118	Sb=122	Te=125	J=127	
8	Cs=133	Ba=137	?Di=138	?Ce=140	—	—	—	—
9	(—)	—	—	—				
10	—	—	?Er=178	?La=180	Ta=182	W=184	—	Os=195, Ir=197, Pt=198, Au=19
11	(Au=199)	Hg=200	Tl=204	Pb=207	Bi=208	—	—	
12	—	—	—	Th=231	—	U=240	—	—

멘델레예프의 주기율표

표에 배열했답니다. 더욱 놀라운 사실은 멘델레예프가 이 표를 이용하여 빈자리에 들어갈 원소들의 원자량과 그들이 결합하게 될 화합물 등을 예측하기도 했다는 점입니다.

이 사실은 '주기율표'를 이용하면 원소의 성질을 예측하고 설명할 수 있음을 의미합니다. 마치 달력에 표시된 입춘(立春)이 되면 봄의 소식이 들려오고, 처서(處暑)가 되면 더위가 멈추고 쌀쌀해지기 시작하는 것처럼 주기율표 속 원소의 위치는 그 원소가 어떤 성질을 지니고 있는지 예측할 수 있게 해주지요. 게다가 그러한 성질이 나타나는 이유까지 설명해준답니다. 멘델레예프는 물질의 성질이 주기성을 갖는다는 사실에 근거하여 물음표로 비워둔 미지의 원소를 예측했는데요. 1875년에는 '갈륨(Ga)'이, 1885년에는 '저마늄(Ge)'이 멘델레예프의 예측대로 발견되어 주기율표의 우수성이 더욱 드러나기도 했습니다.

1890년대에는 '분광 분석'이라는 새로운 방법에 의해 '네온(Ne)'과 '아르곤(Ar)' 등 새 원소가 잇달아 발견됐습니다. 그러면서 멘델레예프의 주기율표도 새로운 열(족)을 추가하며 수정되었죠. 그의 주기율표는 대단한 발견이었지만 몇 가지 한계점이 있었습니다. 원자를 원자량 순으로 배열함에 따라 몇몇 원소들의 성질이 주기성에서 벗어난다는 문제점이 드러났고, 빈칸으로 남아 있는 부분에 대한 해결책도 필요했지요. 즉, 원자량은 원소의 화학적 성질을 결정하는 적합한 기준이 아니었던 것입니다.

20세기에 들어서 원소의 화학적인 성질을 만들어내는 원인은 '전자'에 있음이 밝혀졌습니다. 멘델레예프의 시대에는 원자를 이루는 전자의 존재가 알려지지 않았으므로 그가 생각하던 각 원소의 성질은 전

헨리 모즐리

자에 의해 나타난다는 사실이 이제야 밝혀진 셈이죠. 거기에 결정적 역할을 한 과학자가 바로 영국의 모즐리(Moseley, H. G. J. 1887~1915)입니다. 그는 'X선 연구'를 통해 원소들의 원자핵이 가지는 '양전하를 결정하는 방법'을 알아냈고, 이를 토대로 원소들의 원자 번호를 결정했어요. 원소들을 원자 번호 순으로 배열해 원소의 화학적 성질에 대한 주기성이 유지되면서 멘델레예프의 주기율표에서 드러난 단점도 보완하는 새로운 주기율표가 탄생한 순간입니다.

현재 사용하고 있는 주기율표는 1905년 스위스의 화학자 알프레드

주기율표

원자 번호 — 1
H — 원소 기호
수소 — 원소 이름

금속
준금속
비금속

* 란타넘족
** 악티늄족

	1	2	3	4	5	6	7	8	9	10	11	12	13	14	15	16	17	18
1	1 H 수소																	2 He 헬륨
2	3 Li 리튬	4 Be 베릴륨											5 B 붕소	6 C 탄소	7 N 질소	8 O 산소	9 F 플루오린	10 Ne 네온
3	11 Na 나트륨	12 Mg 마그네슘											5 Al 알루미늄	14 Si 규소	15 P 인	16 S 황	17 Cl 염소	18 Ar 아르곤
4	19 K 칼륨(포타슘)	20 Ca 칼슘	21 Sc 스칸듐	22 Ti 타이타늄	23 V 바나듐	24 Cr 크로뮴	25 Mn 망가니즈	26 Fe 철	27 Co 코발트	28 Ni 니켈	29 Cu 구리	30 Zn 아연	31 Ga 갈륨	32 Ge 저마늄	33 As 비소	34 Se 셀레늄	35 Br 브로민	36 Kr 크립톤
5	37 Rb 루비듐	38 Sr 스트론튬	39 Y 이트륨	40 Zr 지르코늄	41 Nb 나이오븀	42 Mo 몰리브데넘	43 Tc 테크네튬	44 Ru 루테늄	45 Rh 로듐	46 Pd 팔라듐	47 Ag 은	48 Cd 카드뮴	49 In 인듐	50 Sn 주석	51 Sb 안티모니	52 Te 텔루륨	53 I 아이오딘	54 Xe 제논
6	55 Cs 세슘	56 Ba 바륨	57 La* 란타넘	72 Hf 하프늄	73 Ta 탄탈럼	74 W 텅스텐	75 Re 레늄	76 Os 오스뮴	77 Ir 이리듐	78 Pt 백금	79 Au 금	80 Hg 수은	81 Ti 탈륨	82 Pb 납	83 Bi 비스무트	84 Po 폴로늄	85 At 아스타틴	86 Rn 라돈
7	87 Fr 프랑슘	88 Ra 라듐	89 Ac** 악티늄	104 Rf 러더퍼듐	105 Db 더브늄	106 Sg 시보귬	107 Bh 보륨	108 Hs 하슘	109 Mt 마이트너륨	110 Ds 다름슈타튬	111 Rg 뢴트게늄	112 Cn 코페르니슘		114 Fl 플레로븀		116 Lv 리버모륨		

* 란타넘족	58 Ce 세륨	59 Pr 프라세오디뮴	60 Nd 네오디뮴	61 Pm 프로메튬	62 Sm 사마륨	63 Eu 유로퓸	64 Gd 가돌리늄	65 Td 터븀	66 Dy 디스프로슘	67 Ho 홀뮴	68 Er 어븀	69 Tm 툴륨	70 Yb 이터븀	71 Lu 루테튬
** 악티늄족	90 Th 토륨	91 Pa 프로트악티늄	92 U 우라늄	93 Np 넵투늄	94 Pu 플루토늄	95 Am 아메리슘	96 Cm 퀴륨	97 Bk 버클륨	98 Cf 캘리포늄	99 Es 아인슈타이늄	100 Fm 페르뮴	101 Md 멘델레븀	102 No 노벨륨	103 Lr 로렌슘

베르너(Alfred Werner, 1866~1919)에 의해 작성되었습니다. 원소들이 원자번호(양성자 수) 순으로 배열되어 있는 주기율표로서 화학의 달력이자 화학 여행을 위한 지도라 할 수 있지요.

자, 그렇다면 멘델레예프가 분류했던 원자 그룹들의 독특한 특성에 대해 실험을 통해 알아보도록 합시다.

Chemical Lab

1족, 알칼리 금속 실험

▶▶실험 과정

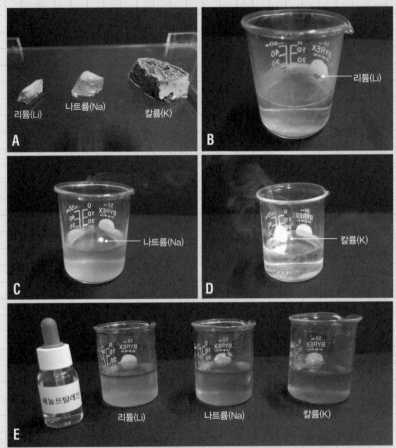

A: 1족 원소 리튬, 나트륨, 칼륨 조각
B: 리튬 알갱이를 넣은 비커
C: 나트륨 알갱이를 넣은 비커
D: 칼륨 알갱이를 넣은 비커
E: 각 수용액과 페놀프탈레인 용액의 반응

1. 석유 에테르 속에 보관되어 있는 1족 원소인 리튬(Li), 나트륨(Na), 칼륨(K) 조각을 건조된 핀셋으로 꺼내 마른 유리판에 올려놓는다.*

2. 칼을 이용하여 각 금속을 쌀알 정도의 크기로 잘라보고, 잘린 표면의 색깔 변화를 관찰한다.** (A)

3. 증류수가 1/3정도 들어 있는 비커에 쌀알 크기 정도의 리튬, 나트륨, 칼륨 알갱이를 넣은 다음 변화를 관찰한다.(B, C, D)

4. 알칼리 금속과 물의 반응이 끝나면 그 수용액에 스포이트로 페놀프탈레인 용액 1~2방울을 떨어뜨리고 수용액의 색깔이 어떻게 변하는지 관찰한다.(E)

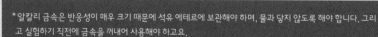

* 알칼리 금속은 반응성이 매우 크기 때문에 석유 에테르에 보관해야 하며, 물과 닿지 않도록 해야 합니다. 그리고 실험하기 직전에 금속을 꺼내어 사용해야 하고요.
** 자른 알칼리 금속을 물에 넣어 반응시키므로 가급적이면 작은 조각을 사용해주세요.

1족, 알칼리 금속!
우리는 같은 식구

실험 결과를 함께 정리해봅시다. 먼저 알칼리 금속은 무른 성질이 있어서 칼로 쉽게 잘리죠. 이때 공기 중에서 산소와 만나면 모두 산화되어 금속의 잘린 표면은 광택을 잃게 됩니다. 즉, 3가지 금속 모두 산소와 반응하여 비슷하게 생긴 '산화물(Li_2O, Na_2O, K_2O)'이 되지요. 여기서 재미있는 현상은 각 금속이 광택을 잃는 속도가 다르다는 점입니다. 칼륨(K)은 반응성이 가장 크기 때문에 자르는 순간 광택을 잃게 되지요. 반응성이 가장 작은 리튬(Li)은 광택을 잃는 속도 역시 가장 느리다는 것을 알 수 있습니다.

한편, 증류수와 3가지 금속을 반응시키면 속도는 다르지만 모두 물 표면 위에서 매우 빠르게 반응하며 기체가 발생하는 것을 관찰할 수 있습니다. 알칼리 금속은 물과 반응했을 때, 수소 기체를 만들어 내는데

리튬(Li)	나트륨(Na)	칼륨(K)
서서히 광택을 잃음	곧 광택을 잃음	자르는 순간 광택을 잃음

알칼리 금속 실험의 반응 속도

요. 알칼리 금속의 반응성도 광택을 잃는 속도와 마찬가지로 칼륨(K)의 반응 속도는 매우 빠르고 활발하게 진행되는데 반해 나머지 금속의 반응 속도는 점점 느려지는 것을 관찰할 수 있죠. 왜 이런 현상이 발생하는 것일까요? 실험에서 다룬 1족, 알칼리 금속의 전자 배치를 살펴보면 모두 1족으로 원자가(原子價) 전자 수가 전부 1개입니다. 화학적 성질이 동일한 '같은 족' 원소들, 즉 같은 식구인 셈이죠. 그렇지만, 원자 번호가 커질수록 원자의 반지름이 증가하기 때문에 원자가(原子價) 전자를 잃기 쉬워져 반응성이 그만큼 커지는 것입니다. 따라서 리튬(Li)보다는 나트륨(Na), 나트륨(Na)보다는 칼륨(K)의 반응성이 더 크게 나타나는 것이고, 실험 결과와 같이 '잘린 단면의 산화되는 정도'나 '물과의 반응성'에 있어서도 칼륨(K)이 가장 크게 나타났음을 알 수 있는 것이죠.

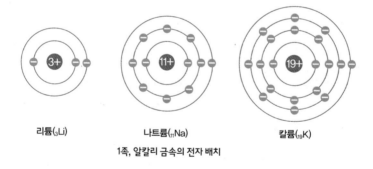

리튬($_3$Li)   나트륨($_{11}$Na)   칼륨($_{19}$K)

1족, 알칼리 금속의 전자 배치

엄마와 딸, 아버지와 아들이 함께 찍은 사진을 보면 눈매나 코, 얼굴형 등에서 가족의 티가 드러나잖아요. 화학도 마찬가지입니다. 1족의 세 가지 원소들도 같은 식구의 모습을 드러내지요. 먼저 공기 중에서 산화된 광택을 잃은 금속, 즉 산화물의 형태가 모두 같습니다. 따라서 이들은 금속 양이온 2개와 산화 이온 1개로 구성된 '산화물(Li_2O,

Na_2O, K_2O)'의 화학식을 가지게 됩니다. 또한 물과 반응하여 공통적으로 '수소 기체'를 발생시키죠.

지시약의 색 변화는 어떻게 나타날까요? 1족인 알칼리 금속 원소들은 물과 반응해서 공통적으로 '수산화 이온(OH^-)'을 만들어냅니다. 따라서 모두 염기성이 되어 페놀프탈레인 용액에 의해 공통적으로 '붉은 색'을 나타내게 되지요. 정리해보면, 같은 족 원소들의 경우 같은 식구임을 드러내는 공통적인 성질이 있다는 것을 알 수 있었습니다. 그러면서 가족끼리도 각 개체만의 성격이 있듯이 화학의 원소들도 같은 가족 사이에 드러나는 저마다의 개성이 있었고요. 어때요? 화학사(化學事)와 인간사(人間事)가 아주 닮았지요?

같은 족 원소들이 비슷한 화학적 성질을 지니는 것은 1족에만 국한된 이야기가 아닙니다. 17족에 해당하는 원소들(F(플루오린), Cl(염소), Br(브로민), I(아이오딘) 등)은 '할로젠족'이라고 하여 원자가(原子價) 전자의 수가 모두 7개로 같으며 상온에서 2원자 분자(F_2, Cl_2, Br_2, I_2)의 형태를 이룹니다. 이들은 모두 반응성이 큰 원소로 알칼리 금속과 반응하여 '이온 결정'을 만듭니다. 한편, 주기율표의 가장 오른쪽에 위치하는 '18족 원소(He(헬륨), Ne(네온), Ar(아르곤) 등)'는 '비활성 기체'라 불리는데, 이름처럼 다른 원소와 반응하기 어려운 성질을 가지고 있습니다. 이는 모두 안정된 전자 배치를 이루기 때문에 나타나는 공통적인 성질이지요. 비활성 기체의 이러한 성질은 다양한 용도로 이용됩니다. 공기보다 가벼운 기체인 헬륨의 경우 비행선이나 기구, 풍선 등의 연료로 이용되며, 체내에 들어가도 유해하지 않아 잠수용 산소통에도 이용되지요.

후세의 사람들이 물질의 세계를 여행할 수 있도록 그 길을 닦아준

멘델레예프! 그의 위대한 업적은 화학을 더욱 크게 성장시키는 밑거름이 되었습니다. 멘델레예프는 1906년 노벨 화학상 후보에 올랐으나 '플루오린의 연구와 분리 및 전기난로 제작'의 공을 세운 프랑스의 화학자 앙리 무아상(Henri Moissan, 1852~1907)에게 단 1표 차이로 패했고, 그 다음 해 세상을 떠났답니다. 그의 위대한 업적을 기려 1955년 캘리포니아 버클리 대학에 소속된 세 명의 화학자는 멘델레예프가 예측한 101번 원소를 발견한 후 '멘델레븀(Md)'이라고 명명하였습니다.

Chemical Story 화학의 세계를 빛낸 과학자들

알프레드 베르너 (1866~1919)

현재 우리가 사용하고 있는 주기율표를 작성한 스위스의 화학자입니다. 1913년 분자 내에서의 원자의 결합 연구로 초기 연구에 새로운 가능성을 열어주었고 특히 유기 화학에서 새로운 연구 분야의 초석을 다진 공로로 노벨 화학상을 받았습니다.

Alfred Werner

드미트리 멘델레예프 (1834~1907)

멘델레예프는 1869년 3월 6일, 러시아 화학회에서 주기율표에 관한 논문을 공식 발표했습니다. 그는 원소를 일정한 규칙에 따라 나열하여 발견되지 않은 원소의 성질까지 예측할 수 있다고 주장했지요. 이후 갈륨(Ga, 1875), 스칸듐(Sc, 1879), 저마늄(Ge, 1866) 등 그의 예측과 정확하게 일치하는 원소들이 발견되기도 했답니다.

Dmitri Ivanovich Mendeleev

헨리 모즐리 (1887~1915)

모즐리는 원자 번호가 원자핵의 양전하에 비례
한다는 것을 실험을 통해 입증했습니다. 이로
인해 당시 과학적으로 입증되지 않아 과학자들
이 섣불리 받아들이지 못했던 러더퍼드의 주장
(원자 중심에 양전하를 띤 원자핵이 있다)을 증명하
게 되었지요.

Moseley, H. G. J.

Henri Moissan

앙리 무아상 (1852~1907)

무기화학자인 무아상은 플루오린화 수소산 무수물(無
水物)에 플루오린화 칼륨을 용해하고, 저온에서 백금전
극을 사용하여 플루오린의 단리(單離)에 성공한 공로로
1906년 노벨화학상을 수상하였습니다. 이 외에 그는 전
해조를 사용하여 그 당시까지 얻기 어려웠던 금속을 많
이 제조했으며, 1893년에는 운석에서 힌트를 얻어, 전기
로(電氣爐)를 사용하여 탄소에서 인공다이아몬드를 합성
하기도 했지요.

원소들은 각각
어떻게
결합 하나요?

5장

인생사와 닮은 화학 결합

청소년기를 지나 대학을 졸업한 후 사회생활을 하며 결혼 적령기에 들어서면 우리는 서로의 짝꿍을 만나 결혼을 합니다. 신혼 초 달콤함에 빠져 눈만 마주쳐도 사랑이 샘솟던 신혼부부도 얼마 있으면 각자의 개성을 드러내고 가치관, 습관, 행동 영역으로 인해 고집을 피우다 부부싸움을 하기도 하죠. 지금 화학 시간인데 웬 남녀의 만남, 결혼 이야기냐고요? '화학사(化學事) = 인생사(人生事)'이기 때문입니다.

자, 결혼 이야기를 조금 더 해볼까요? 남녀가 서로 동일한 크기로 사랑을 하면 좋겠지만 어쩔 수 없이 '주도권'이라는 것이 생기는 경우가 있습니다. 이때 아내가 주도권을 가진 부부가 있을 것이고, 그 반대인 경우도 있겠지요. 조금 과장된 사례일 수도 있지만 엄마가 모든 주도권을 행사할 경우(혹은 그 반대도 있을 수 있겠죠), 아빠는 엄마에게 일방적으로 주도권을 다 빼앗긴 것처럼 보일 수도 있고, 아빠가 배려하여 엄마의 의견에 무조건 맞춰주는 모습으로 보일 수도 있습니다. 그런데 그 가정을 자세히 들여다보면 엄마의 주도적인 모습이 알뜰한 엄마의 경제관념 속에서, 낭비 없이 맛있게 차려진 저녁 식사 자리에서, 가족들과 대화하며 의견을 조율하는 상황에서 나타났음을 알 수 있습니다. 부모님의 이런 노력이 빛을 발휘하여 우리 가족의 평온한 나날이 꾸려지는 것이죠. 마치 톱니바퀴가 잘 맞물려 돌아가듯이!

한편 정말 평등해 보이는 관계를 유지하는 부부도 있습니다. 엄마는 아빠의 의견을 존중하고, 아빠는 엄마의 사고를 배려해주는 이상적인 가정의 모습이지요. 그러나 이 가정에서도 서로의 존중과 배려심이 때

때로 한쪽으로 조금씩 치우쳐 나타나기도 합니다. 어떤 때는 아빠 쪽으로, 또 어떤 때는 엄마 쪽으로 말이죠. 마지막으로 결혼을 하지 않은 싱글(single) 족도 있습니다. 이유야 뭐든 간에 홀로 삶을 즐기고 있는 그들에게 배우자는 필요 없습니다. 요즘에는 이렇게 각자의 개성대로 하고 싶은 일을 하며 혼자 사는 사람들이 꽤 많아졌어요.

자, 그럼 이제부터 화학사가 인생사와 어떻게 같은지, 그 면면을 들여다보겠습니다. 먼저 주도권으로 밀당 중인 부부는 전자를 잃은 양이온과 전자를 얻은 음이온이 결합한 '이온 결합'으로 볼 수 있습니다. 서로 평등해 보였던 부부는 일방적으로 전자를 잃고 얻는 것이 아니라 서로의 원자가(原子價) 전자를 공유하는 '공유 결합'이라고 볼 수 있고요. 그렇다면 싱글 족은 무엇에 해당할까요? 그렇습니다! 바로 다른 원소와의 결합이 필요치 않은 '비활성 기체'들의 무리라고 볼 수 있지요.

사람들이 부부 또는 싱글의 형태로 살아가는 이유 역시 화학의 원리에 빗댈 수 있습니다. 단순한 결혼의 논리로 비유해보자면, 부부의 경우 배우자와 더불어 존재함으로써 안정된 가정을 이루고자 하는 마음으로 볼 수 있습니다. 싱글 족의 경우엔 배우자 없이도 혼자만의 안정된 생활을 누릴 수 있는 상태로 생각할 수 있고요. 여기에 화학의 원리를 대입해볼게요. 싱글 족에 해당했던 비활성 기체에는 주기율표의 18족에 해당하는 원소들(헬륨(He), 네온(Ne), 아르곤(Ar))이 포함되는데, 이들은 다른 원소와 결합하지 않고 상온과 1기압에서 하나의 원자 상태(단원자 분자)로 존재하게 됩니다. 왜냐하면 이들의 전자 배치는 가장 바깥 전자껍질이 모두 채워진 '안정된 상태'이므로 누군가와의 결합을 통해 전자를 더 가져야 하거나, 버릴 필요가 없거든요. 즉 다른 무엇과 '함

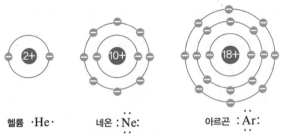

헬륨 ·He·   네온 :Ne: 아르곤 :Ar:

비활성 기체의 전자 배치

께' 할 필요가 없는 상태인 것입니다.

따라서 비활성 기체는 다른 원자와 반응하여 화학 결합을 이루려고 하지 않는 반면, 비활성 기체를 제외한 다른 원소들은 '화학 결합'을 통해 비활성 기체의 안정된 전자 배치를 가지려고 한답니다. 결합을 통해 좀 더 안정된 생활을 추구한다는 점에서 부부가 되는 원리와도 비

 여기서 잠깐!

옥텟 규칙(Octet rule)은 누가 만들었을까요?

현대 화학의 대부인 루이스(Gilbert N, Lewis, 1875~1946)는 미국 매사추세츠 주의 웨스턴 뉴턴에서 태어나 하버드에서 21세의 나이로 학부를 졸업, 24세의 나이로 하버드에서 박사 학위를 받았다. 그는 하버드 강사를 거쳐 MIT에서 정교수로 고속 승진을 한 후 1912년 버클리의 화학 부장으로 옮겼고, 그 후 버클리 대학의 화학부는 세계에서 가장 우수한 화학 연구 집단으로 자리 잡았다. 1902년부터 루이스의 강의록에는 화학 결합에서 8의 중요성을 보여주는 정육면체 그림이 등장하였고, 1916년 공유 결합을 공식화하는 유명한 논문인 「원자와 분자」를 발표하였다. 그는 이 논문에서 정육면체 그림의 의미를 처음 소개했고, 루이스 전자점식을 도입했다. 또한 화학 결합을 설명하기 위해 전자를 공유하는 결합(electron−sharing bond), 8의 규칙(rule of eight) 같은 표현을 사용했는데, 1919년에 랭뮤어(Irving Langmuir, 1881~1957)는 루이스의 아이디어를 더욱 발전시키고 공유 결합(covalent bond), 옥텟 규칙(octet rule) 등 쓰기 편한 말을 만들어냈다. 랭뮤어는 표면 화학을 개척하여 1932년 노벨 화학상을 수상했는데 35차례나 노벨상 후보로 추천되고도 수상하지 못한 루이스에게 랭뮤어는 평생 라이벌이 되었다.[15]

15 『생명의 화학 삶의 화학』, 김희준, 자유아카데미, 178쪽

숫하죠? 정리해보자면 바깥 전자껍질에 8개의 전자(수소와 헬륨은 2개로 예외)를 가짐으로써 안정된 전자 배치를 하고자 하는 성질은 모든 원소 및 화합물에 적용되는 화학 결합의 원리입니다. 우리는 이를 일컬어 '옥텟(Octet) 규칙'이라고 하지요.*

설탕과 소금에 숨겨진 화학 결합의 원리

그럼 이제 본격적으로 화학 결합에 대해 알아볼까요? 부엌에 가면 요리할 때 가장 흔하게 볼 수 있는 흰색의 결정이 있습니다. 바로 설탕과 소금입니다. 두 결정에는 화학 결합의 원리가 숨겨져 있는데요. 먼저 설탕은 탄소(C), 수소(H), 산소(O)가 서로의 원자가(原子價) 전자를 공유하며 결합한 공유 결합 물질이고, 소금은 나트륨 이온(Na^+)과 염화 이온(Cl^-)이 이온 결합의 형태로 이루어진 화합물입니다. 먼저 이온 결합부터 살펴볼까요?

오른쪽 사진은 황록색의 염소 기체(Cl_2)가 담긴 삼각 플라스크에 금속 나트륨(Na)을 넣었을 때 격렬히 반응하면서 염화 나트륨(NaCl, 소금)이 생성되는 모습입니다. 이들은 어떻게 결합했을까요? 나트륨과 염소의 이온 결합 형성을 보면, 먼저 금속인 나트륨 원자는 바깥 껍질에 원자가(原子價) 전자가 1개이므로 1개의 전자를 잃고 옥텟 규칙을 만족하고 싶어 합니다. 한편 비금속인 염소(Cl) 원자는 바

염화 나트륨이 생성되는 모습

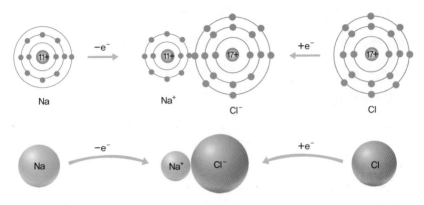

나트륨(Na)과 염소(Cl)의 이온 결합 형성

깔 껍질에 전자가 7개이므로 1개를 얻어 옥텟 규칙을 만족하고 싶어
하지요. 여기서 이들은 서로 협상을 할 수 있습니다. 간단한 논리로 나
트륨 원자는 바깥 껍질의 전자 1개를 잃으면 되고, 염소 원자는 바깥
껍질의 전자 1개를 얻으면 되지요. 서로가 필요한 부분을 완벽하게 맞
춤으로써 안정된 전자 배치를 이루면 되는 것입니다.

따라서 나트륨은 '양이온(Na$^+$)'이 되고, 염소는 '음이온(Cl$^-$)'이 되어

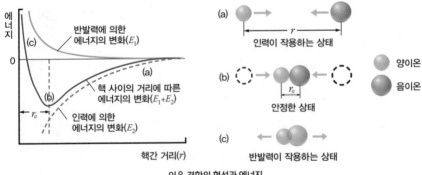

이온 결합의 형성과 에너지

결합하면 염화 나트륨($NaCl$), 즉 소금이 됩니다. 이때 이들의 만남을 조금 더 자세히 살펴볼 필요가 있습니다.

먼저 일정한 거리(r_0)에 이르기까지 서로의 거리가 가까워질수록 양이온과 음이온 사이에 작용하는 '정전기적 인력'은 증가하게 됩니다 (a). 그러나 두 이온이 계속 접근하여 이온 사이의 거리가 지나치게 가까워지면 반발력이 커져 불안정한 상태가 되지요(c). 따라서 양이온과 음이온은 인력과 반발력이 균형을 이루었을 때 가장 안정적인 상태가 됩니다(b).

두 원소가 안정된 이온 결합을 이룰 때의 에너지 관계는 사람 사이의 관계에 비유할 수 있습니다. 철수와 영희가 서로 연애를 시작합니다. 둘은 사이가 점점 가까워질수록 상대의 매력에 깊이 빠지게 되죠. 마치 사랑이 영원히 불타오를 것처럼! 그러다 관계가 너무 가까워지면서 서로에 대한 사랑은 지나친 간섭과 잦은 싸움, 심한 투정으로 변하고, 그렇게 잦아진 싸움으로 인해(반발력이 심해진) 두 남녀는 결국 헤어지게 됩니다. 철수와 영희는 뒤늦게 후회하며 한 가지 사실을 깨닫게 되지요. 서로가 적당한 거리(r_0)에서 사랑하는 법을 배워야 했음을 말입니다. 두 이온도 마찬가지입니다. 금속 양이온과 비금속 음이온은 두 핵 사이의 거리에 따른 에너지 변화에 있어 에너지가 가장 낮은 안정된 상태에서 이온 결합 물질을 형성하게 된답니다.

자, 이제 부엌 속 또 다른 흰색 결정, 설탕을 이루는 화학 결합인 공유 결합에 대해 알아보겠습니다. 우선 가장 간단한 공유 결합 물질인 '수소 분자(H_2)'를 살펴보죠. 수소(H) 원자는 원자 번호 1번으로 +1가의 전하를 띤 원자핵 주위에 1개의 전자가 존재하는 구조로서 1주기

원소[16]에 해당합니다. 따라서 전자껍질에 헬륨(He)과 같이 2개의 전자가 들어가야 안정한 상태가 되죠. 이때 수소 원자는 어떤 선택을 해야 할까요? 다른 원자에게서 전자 1개를 가져오거나 아니면 자신의 전자를 버려야만 하겠죠? 그러나 이 방법은 수소가 다른 원소보다 전자에 대한 욕심이 커서 전자를 뺏어오거나, 아니면 다른 원소보다 힘이 약해서 전자를 빼앗기는 방법밖에는 없을 때나 가능합니다. 지금은 서로 같은 원자이다 보니 전자를 뺏어오는 힘도, 빼앗기는 힘도 똑같은 상태일 텐데요. 그럼 이처럼 같은 수소 원자들 사이에서 결합이 이루어져야 할 때는 어떻게 해야 할까요? 그렇습니다! 2개의 수소 원자는 합의점을 찾게 된답니다. 바로 '공유(sharing)'라는 방법을 통해서 말이죠. 따라서 2개의 수소 원자는 각각 갖고 있던 전자 1개씩, 총 2개를 양쪽의 원자핵에 의해 서로 공유하면서 비활성 기체인 헬륨(He)의 전자 배치를 이루며 안정된 결합을 형성하게 됩니다.

　또한 양이온과 음이온, 두 이온 사이의 적당한 핵 간 거리에서 안정된 이온 결합이 형성되듯이 2개의 수소 원자도 마찬가지로 적당한 거리에서 공유 결합이 형성되는 모습을 보입니다. 즉 두 원자가 서로 너

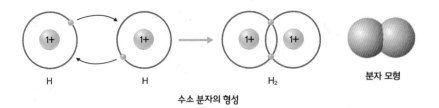

| H | H | H₂ | 분자 모형 |

수소 분자의 형성

---

16 가장 안쪽 전자껍질인 K껍질(1번 껍질)에는 전자가 최대 2개까지 들어간다. 따라서 수소(H)와 헬륨(He)은 각각 전자가 1개, 2개씩 존재하므로 바닥상태에서 전자는 모두 K껍질에 배치되기 때문에 1주기 원소라고 부른다.

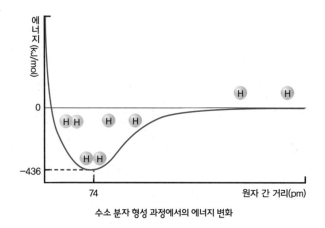

수소 분자 형성 과정에서의 에너지 변화

무 가까이 접근하면 양전하를 띤 핵 사이의 반발력이 커져서 오히려 불안정해지므로 서로 적당한 거리에서 전자쌍을 공유함으로써 안정한 수소 분자(H_2)를 만들게 되는 것이죠.

공유 결합 vs. 이온 결합, 그리고 금속 결합

그렇다면 공기를 차지하는 다른 기체들은 어떻게 결합을 이루고 있을까요? 공기의 성분 기체인 '질소(N_2), 산소(O_2), 그리고 이산화 탄소(CO_2)'의 결합 형태를 살펴보겠습니다. 먼저 질소(N)는 원자 번호 7번으로 원자가(原子價) 전자가 5개입니다. 옥텟 규칙을 만족하기 위해서는 바깥 전자껍질의 전자가 8개가 되어야 하죠. 수소(H_2) 기체가 형성되는 것과 같은 방법으로 질소 원자 역시 다른 질소 원자와 각자가 가진 원자가(原子價) 전자 5개 중 3개씩을 서로 공유하면 모든 원자들은 8개의 전자를 갖는 셈이 됩니다. 즉 '공유 전자쌍 3개'가 형성된다는 것이지요.
한편, 산소(O)는 어떨까요? 원자 번호 8번인 산소는 원자가(原子價) 전자
가 6개로 옥텟 규칙을 만족하기 위해서는 2개가 모자란 셈인데요. 산소
원자도 다른 산소 원자와 협상을 하게 됩니다. 서로의 원자가(原子價) 전
자 2개씩을 내놓아 공유하자고 말이죠. 결국 '공유 전자쌍 2쌍'을 형성
하게 된다는 의미입니다. 이때 질소 기체와 산소 기체 사이의 공유 전
자쌍을 살펴보면 각각 3쌍과 2쌍으로 이루어져 있음을 알 수 있습니
다. 즉 질소 기체는 '3중 결합'을, 산소 기체는 '2중 결합'을 하고 있는
것입니다.

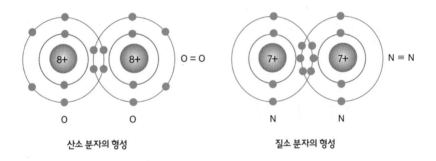

산소 분자의 형성   질소 분자의 형성

한편, 이렇게 같은 원소들 사이에서 이루어지는 결합(N_2, O_2) 외에 서
로 다른 원소의 결합인 '이산화 탄소(CO_2)'는 탄소와 산소 사이에서 어
떻게 공유 결합을 형성할까요? 먼저 탄소는 바깥 전자껍질에 전자가 4
개입니다. 따라서 탄소(C) 원자 1개는 옥텟 규칙을 만족하기 위해 4개
의 전자가 필요하게 되지요. 반면 산소(O) 원자의 경우에는 바깥 전자
껍질에 6개의 전자가 존재하므로 옥텟 규칙을 만족하기 위해서는 전자
2개가 필요합니다. 따라서 탄소 원자 1개는 산소 원자 2개와 협상을 합

니다. 즉, 탄소 원자가 가진 전자 4개 중 2개씩을 각각의 산소 원자에게 주고, 각각의 산소 원자 역시 2개씩의 전자를 탄소에게 내놓게 된다는 뜻입니다. 따라서 탄소와 산소 사이에는 2개의 공유 전자쌍이 형성되므로 2중 결합이 2개가 생긴다는 것을 알 수 있습니다.

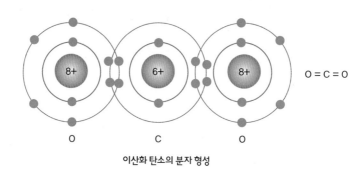

이산화 탄소의 분자 형성

자! 여기서 한 가지 궁금증이 생깁니다. 어떤 화합물은 공유 결합을, 또 어떤 화합물은 이온 결합을 하게 되는데요. 그 기준이 무엇일까요? 또한 두 종류의 결합이 세상의 모든 만물을 결정하는 것일까요? 우선 각 원소마다 가지게 되는 결합의 형태를 이해하기 위해 주기율표를 살펴볼 필요가 있습니다. 원소의 주기적 성질에 따라 배열한 이 표에 따르면 왼쪽 금속 원소의 경우에는 바깥 전자껍질의 원자가(原子價) 전자가 1~2개이고, 비활성 기체를 제외한 비금속 원소의 경우에는 바깥 전자껍질의 원자가(原子價) 전자가 6~7개를 이루고 있음을 알 수 있습니다. 따라서 금속 원소와 비금속 원소가 서로 만나게 되면 이들은 서로의 특성을 이용하여 타협하게 됩니다. 즉 금속 원소는 전자를 잃으면서 양이온이 되고, 비금속 원소는 전자를 얻어 음이온이 되면서 화합물을 만드

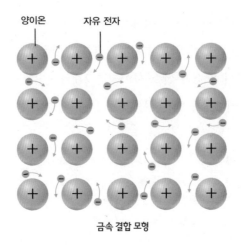

양이온   자유 전자

금속 결합 모형

는 이온 결합을 형성하게 된다는 것이죠. 또 원자가(原子價) 전자가 6~7
개인 비금속 원소, 즉 전자가 1~2개씩 부족한 대부분의 비금속 원소들
끼리만 존재할 경우, 이들은 타협점을 찾아 서로의 부족한 전자를 함께
공유하는 방식을 통해 화합물을 만드는 공유 결합을 이루는 것입니다.

그렇다면 주변에 비금속 원소가 없는 금속 원소들은 어떤 결합의 형
태를 취할까요? 대부분의 금속 원소는 바깥 껍질의 전자가 1~2개(알루
미늄은 3개)이므로 전자를 잃고 옥텟 규칙을 만족하고 싶어 합니다. 그
러나 소금(NaCl) 속 염화 이온처럼 전자를 필요로 하는 비금속의 원
자가 주변에 없으니 어떤 방식으로든 옥텟 규칙을 만족하기 위해 타협
점을 찾아야만 하겠죠. 이때 금속 원소는 버리고 싶은 바깥 껍질의 전
자를 내놓으며 금속 양이온을 형성합니다. 또한 이 금속 원소로부터
탈출한 전자[17]들은 세상 밖으로 도망가는 것이 아니라, 금속 결정의 틀

---

17 금속 원소에서 떨어져 나간 전자를 자유 전자라고 한다.

안에서 금속 양이온과 정전기적 인력을 형성하며 결정을 이루게 된답니다. 이렇게 금속 양이온과 자유 전자에 의한 결합을 '금속 결합'이라고 표현합니다.

정리해보면, 세상의 만물을 결정짓는 3가지 결합의 종류에는 금속 원소와 비금속 원소 사이의 '이온 결합', 비금속 원소들끼리의 '공유 결합', 금속 원소가 가지는 '금속 결합'이 존재합니다.

금속 결정이 갖고 있는 특성을 조금 더 살펴볼까요? 금속 결정은 그들이 갖고 있는 자유 전자에 의해서 그 위상을 드러냅니다. 금속에 있는 자유 전자들은 비교적 자유롭게 돌아다니면서 전기와 열을 잘 통하

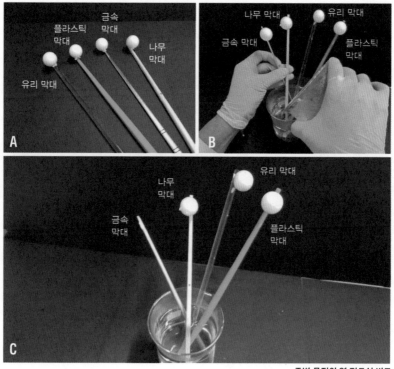

주변 물질의 열 전도성 비교

게 하고, 빛을 반사하는 성질이 있어 광택이 나게 되는데요. 각각의 특징을 살펴보도록 하겠습니다.

먼저 유리 막대, 플라스틱 막대, 금속 막대, 나무 막대를 준비합니다.(A)(집에서 실험할 때는 플라스틱 막대 대신 플라스틱 빨대, 금속 막대와 나무 막대 대신 금속 숟가락과 나무 젓가락을 사용하면 되겠죠?) 버터를 사용해 각 막대에 구슬을 부착한 다음 컵에 넣고 뜨거운 물을 부어봅니다.(B) 가장 먼저 구슬이 떨어진 물질은 무엇일까요? 물론 금속 막대입니다.(C) 가열된 금속 양이온에 충돌한 자유 전자는 양이온으로부터 운동 에너지를 받은 후 온도가 낮은 쪽으로 이동하게 됩니다. 그러면서 온도가 낮은 금속 양이온과 충돌함으로써 열에너지를 쉽게 전달할 수 있기 때문에 금속 막대 속에서는 열에너지를 지닌 자유 전자가 쉽게 다른 쪽으로 이동하게 되는 것이죠.

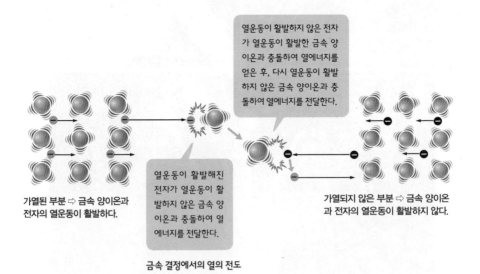

열운동이 활발하지 않은 전자가 열운동이 활발한 금속 양이온과 충돌하여 열에너지를 얻은 후, 다시 열운동이 활발하지 않은 금속 양이온과 충돌하여 열에너지를 전달한다.

가열된 부분 ⇨ 금속 양이온과 전자의 열운동이 활발하다.

열운동이 활발해진 전자가 열운동이 활발하지 않은 금속 양이온과 충돌하여 열에너지를 전달한다.

가열되지 않은 부분 ⇨ 금속 양이온과 전자의 열운동이 활발하지 않다.

금속 결정에서의 열의 전도

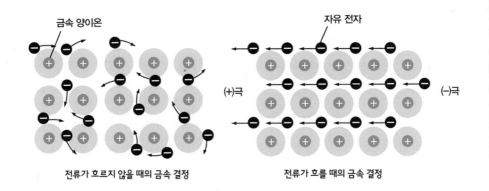

전류가 흐르지 않을 때의 금속 결정　　　　전류가 흐를 때의 금속 결정

금속	은	구리	알루미늄	철	납	수은
상대적 전기 전도도	100	97	61	16	8	2

몇 가지 금속의 전기 전도도

　자유 전자의 위력은 여기서 그치지 않습니다. 금속 내의 자유 전자는 자유롭게 움직일 수 있기 때문에 금속의 양쪽에 전원을 연결하면 (-)전하를 띤 자유 전자들이 일정한 방향, 즉 (+)극 쪽으로 이동하면서 전류가 흐르게 되지요.

　집 안을 둘러보면 자유 전자의 위력으로 얼마나 많은 혜택을 누리고 있는지 새삼 깨달을 수 있습니다. TV를 볼 수 있는 것도, 냉장고가 윙윙하며 신선한 음식을 보관해주는 것도, 스탠드를 밝혀 밤늦게까지 공부를 할 수 있는 것도 모두 금속이 가진 자유 전자의 위력으로 가능한 일이랍니다. 그런데 상대적 전기 전도도가 가장 우수한 금속이 은(Ag)인데 반해 전선으로 사용되는 금속은 대부분 구리(Cu)인 이유는 무엇일까요? 또 송전탑을 연결해주는 송전선의 경우 구리가 아닌 알루미늄(Al)을 사용하는 이유는 무엇일까요? 그 이유는 구리가 은에 비해 가격이 저렴하고 구하기 쉽기 때문입니다. 또한 송전선은 하늘 높이 매달려 전기를 흐르게 해주어야 하므로 금속 중 밀도가 가장 작은 알루미늄을 쓰는 것이고요. 신이 주신 금속의 혜택을 인간의 지혜로 잘 활용하고 있다는 뜻으로 해석해도 좋겠죠?

이렇게 금속은 일상생활에서 덩어리로 사용하는 경우도 있지만, 집안의 전선이나 부엌의 알루미늄 호일, 금박과 같이 다양한 형태로 사용되고 있습니다. 이것이 모두 가능한 것도 자유 전자 덕분인데요. 금속은 실과 같이 가느다란 선으로 뽑히는 연성(뽑힘성)과 금박이나 은박지, 알루미늄 호일과 같이 얇은 판으로 만들 수 있는 전성(퍼짐성)을 갖고

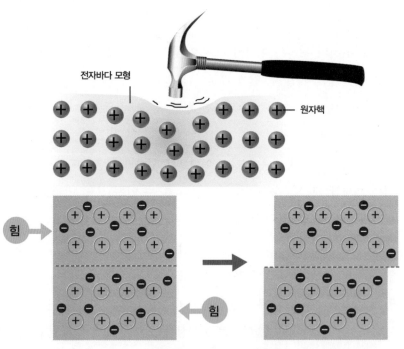

외력이 가해졌을 때의 금속 결정

있습니다. 이는 외부의 충격에 의해 원자들의 위치가 약간 미끄러져도 자유 전자가 바로 이동하여 양이온과 자유 전자 사이의 인력이 없어지지 않고 결합을 유지할 수 있기 때문입니다.

자, 그렇다면 금속 결정이 가진 자유 전자의 위력과 더불어 이온 결정은 어떤 특징이 나타나는지 실험을 통해 살펴보도록 하겠습니다.

이온 결정과 금속 결정 실험

Chemical lab

▶▶실험 과정

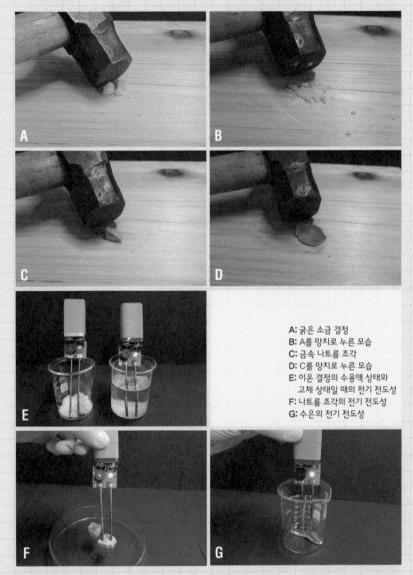

A: 굵은 소금 결정
B: A를 망치로 누른 모습
C: 금속 나트륨 조각
D: C를 망치로 누른 모습
E: 이온 결정의 수용액 상태와
   고체 상태일 때의 전기 전도성
F: 나트륨 조각의 전기 전도성
G: 수은의 전기 전도성

1. 나무판에 이온 결정에 해당하는 굵은 소금(염화 나트륨)을 올려놓고, 망치로 힘을 가해주었을 때 어떻게 변화되는지 관찰한다.(A, B)*

2. 나무판에 금속 나트륨 조각을 올려놓고, 망치로 힘을 가해주었을 때 어떻게 변화되는지 관찰한다.(C, D)**

3. 2개의 비커에 굵은 소금 결정을 각각 넣고 한쪽에만 증류수를 넣어준 다음 전기 전도도 장치를 이용하여 이온 결정의 수용액 상태와 고체 상태의 전기 전도성을 비교해본다.(E)

4. 고체인 나트륨 조각에 전기 전도도 장치를 대어본다.(F)

5. 액체 금속인 수은을 비커에 담은 후 전기 전도도 장치를 담가본 다음 고체 상태와 액체 상태에서의 금속의 전기 전도성을 비교해본다.(G)***

* 가는 소금보다는 가급적 굵은 소금을 사용해야 눈으로 관찰하기 쉽습니다.
** 나트륨 조각은 가급적 작은 크기로 잘라서 사용합니다.
*** 액체 수은에 대한 실험은 반드시 후드 안에서 진행하며, 맨손으로 만지면 위험하므로 꼭 장갑을 끼고 실험합니다.

이온 결정과 금속 결정의 특성

실험 결과를 함께 정리해봅시다. 먼저 이온 결정에 해당하는 굵은 소금은 망치로 누르자 부스러졌는데요(B). 이렇게 이온 결정은 외력을 가하면 같은 전하를 띠는 이온 사이의 반발력에 의해 결정이 부스러지게 됩니다.

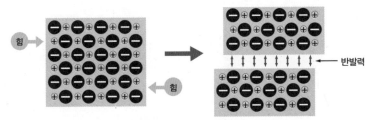

외력이 가해졌을 때의 이온 결정

한편, 금속 결정에 해당하는 나트륨 조각은 부스러지지 않고, 납작해지는 것을 관찰할 수 있습니다(D). 금속 결정에 외력을 가해도 자유 전자에 의해 반발력이 생기지 않고, 결정의 틀은 계속 유지되기 때문에

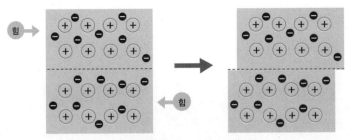

외력이 가해졌을 때의 금속 결정

부스러지지 않고 납작해지는 것이지요.

다음은 '이온 결정과 금속 결정의 상태별 전기 전도성'에 대한 실험인데요. 먼저 이온 결정이 담긴 비커 2개를 준비합니다(E). 이때 이온 결정은 각각 '수용액 상태'와 '고체 상태'로 존재하고, 전기 전도성은 수용액 상태에서만 나타나게 됩니다. 그 이유는 무엇일까요? 고체 상태인 이온 결정은 양이온과 음이온이 고정되어 있기 때문에 전하를 띠는 입자가 자유롭게 움직이지 못하게 됩니다. 반면 수용액 상태의 경우 양이온과 음이온은 각각 물 분자가 둘러싸여 있는 수화된 상태로 존재하게 되므로 자유롭게 움직일 수 있기 때문에 전기 전도성이 나타나게 되지요. 그렇다면 금속 결정은 어떨까요? 고체 상태인 나트륨 조각(F)과 액체 상태인 수은(G) 모두 전기가 통하는 것을 관찰할 수 있습니다. 금속 결정의 경우 자유 전자가 (+)극으로 이동하면서 전류가 흐르기 때문에 두 상태 모두 전기가 통하게 되는 것이죠.

금속 이야기가 나오면 빠질 수 없는 역사 속 일화가 있습니다. 바로 러시아 전쟁에서 패한 나폴레옹 군대의 '주석 단추' 이야기인데요.[18]

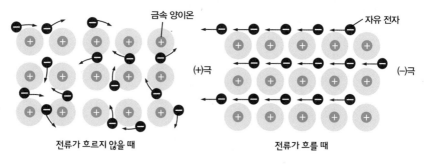

이온 결정과 금속 결정의 상태별 전기 전도성 실험

18 참고: 『진정일의 교실 밖 화학이야기』, 진정일, 양문, 15쪽

1812년 6월, 60만이 넘는 나폴레옹의 대군은 세계를 제패할 듯 그 위용을 자랑하고 있었습니다. 그러나 그로부터 6개월이 지난 12월 초 모스크바에서 철수한 후 서부 러시아의 보리스모 근처 베레지나강을 건너는 나폴레옹 군은 채 1만 명도 되지 않았답니다. 그뿐만 아니라 기아와 질병, 혹독한 추위에 많은 병사들이 죽어갔는데요. 승승장구하던 나폴레옹 군대가 추운 겨울 러시아전에서 무너질 수밖에 없었던 이유는 무엇일까요? 그 이유는 어이없게도 당시 장교와 병사들이 입고 있던 외투와 군복 상하의에 사용된 주석 단추 때문이었습니다. 주석은 섭씨 3도 이하에서 서서히 회색 가루로 변하는 특성이 있습니다. 때문에 러시아의 추운 겨울 날씨에서 나폴레옹 군대의 병사들이 입고 있던 제복의 주석 단추는 모두 가루로 변했을 가능성이 큽니다.

그 추운 겨울, 단추가 떨어져 나간 군복을 여미면서 무기를 들고 행군하는 군인들의 모습! 나폴레옹이 주석의 상태 변화에 대해 잘 알고 있었더라면 군인들의 제복 단추를 주석으로 만드는 일은 절대 없었을 것입니다. 근엄한 군대의 위상도 화학 지식의 부족으로 한 순간에 물거품이 된다는 사실. 화학이 위대한 이유 중 하나가 아닐까요?

Gilbert N, Lewis

길버트 뉴턴 루이스(1875~1946)

루이스는 1916년 핵외전자에 의한 원자 결합의 이론을 발표하여 이 분야에 커다란 발자취를 남겼습니다. 옥텟 규칙, 전자쌍 결합 등의 개념으로 결합의 본질을 추구하고, 동일한 생각으로 산과 염기의 일반적 정의를 세웠지요. 옥텟 규칙은 후에 랭뮤어에 의해 '루이스-랭뮤어의 원자가이론'으로 발전되었답니다.

어빙 랭뮤어(1881~1957)

랭뮤어는 기체 안에서의 방전현상, 전자방출과 텅스텐의 고온 표면화학에 관한 연구로 필라멘트 전구의 수명을 늘리는 데 기여했답니다. 또한 독자적으로 원자구조와 화학결합 형성에 관한 이론을 발표했고, "공유원자가"라는 용어를 만들었습니다. 그는 표면화학에 관한 업적으로 1932년 노벨 화학상을 수상했는데요. 궁금한 친구들은 인터넷에서 스웨덴 왕립과학원 노벨 화학위원회 위원장의 시상 연설을 찾아 읽어보세요.

Irving Langmuir

물질도
친구가
있나요?

6장

물과 우유 중
매운 음식과 찰떡궁합인 것은?

방과 후 학교 앞을 나서면 분식집 아주머니가 만들고 있는 빨간 떡볶이가 시선을 사로잡습니다. 우리는 오늘도 예외 없이 분식집에 들러 보글보글 끓인 떡볶이와 새콤달콤한 쫄면까지 친구들과 맛있게 나눠 먹습니다. 떡볶이와 쫄면 속 매운 성분이 우리의 혀를 자극해 연신 물을 들이키면서 말이죠. 한편 길거리를 걷다 보면 매운 맛을 내세운 음식점들을 쉽게 찾아볼 수 있습니다. 불닭, 매운 족발, 동태찜 등등 말이죠. 그런 음식점들은 매운 정도가 심하다고 입소문이 나면 날수록 더 호황을 누리기도 합니다. 또 마트에 가면 쉽게 찾아볼 수 있는 매운 맛 버전의 과자도 있고, 심지어 유명 외국계 외식업체들까지 고추장이나 김치를 첨가한 매운 맛 메뉴를 개발해 홍보하고 있지요.

자, 이제 매운 음식을 먹은 후 여러분의 입안이 어땠는지 떠올려보세요. 참기 힘들 만큼 매웠던 적도 있고, 물을 계속 마셔 매운 느낌이 조금 가라앉았던 적도 있었을 겁니다. 그런데, 물을 마시면 얼얼했던 입안이 평온해지던가요? 잠시 동안은 괜찮은 것처럼 느껴지지만 입안 속 매운 맛은 다시 여러분의 혓바닥을 따갑게 했을 겁니다. 물은 단지 입안에 남아 있는 매운 맛 성분을 차갑게 진정시켜줄 뿐 없애주지는 못하거든요. 따라서 남아 있는 매운 맛 성분 때문에 입안은 여전히 불편할 수밖에 없는 것이죠. 그렇다면 도대체 무엇 때문에 우리가 먹은 음식이 그렇게 매웠던 걸까요? 바로 매운 맛 성분에 해당하는 고추 속의 '캡사이신(capsaicin)'과, 후추 속 '피페린(piperine)'이라는 물질 때문입니다.

캡사이신의 구조식(위)과 피페린의 구조식(아래)

　캡사이신과 피페린의 구조식을 살펴보면 대부분 탄소(C)와 수소(H), 그리고 산소(O)로 이루어진 '유기 화합물'임을 알 수 있는데요. 다시 말해 이들은 탄소와 수소로 이루어진 커다란 덩어리이기에 물(H_2O)과는 별로 친하지 않은 것이죠. 즉 수용성이라기보다는 지용성에 가까운 구조라고 할 수 있습니다. 이것이 의미하는 바를 알아차리셨나요? 그렇죠! 매운 맛 성분을 감소시키기 위해서는 수용성보다는 지용성에 가까운 음료를 마셔야 한다는 뜻입니다. 그래야 매운 맛 성분이 용해되어 사라질 테니까요. 따라서 매운 음식을 먹고 물을 마시는 것은 단순히 찬 음료가 들어가 혀의 통증을 완화시키는 정도의 역할만 할 뿐 매운 맛 성분을 용해시키지는 못하므로 적절하지 않다는 것을 알 수 있습니다.

　그렇다면 매운 맛으로 입안이 얼얼할 때 우유를 마시면 어떨까요? 우유를 먹으면 우유 속 유지방(乳脂肪)이 입안에 남아 있는 매운 맛 성분을 용해시켜 사라지게 해주므로 입안은 물을 마셨을 때보다 훨씬 빠르게 평온해진답니다. 그런데 어째서 매운 맛 성분은 물에 녹지 않은데 반해, 유지방에는 녹았을까요? 그 비밀은 바로 '구조식'에 있습니다. 우유를 구성하는 유지방의 구조식을 살펴보면 캡사이신, 피페린의

유지방의 구조식

구조식과 비슷한 탄소와 수소의 큰 덩어리로 이루어져 있는 것을 알수 있어요.

유유상종(類類相從), 'Birds of a feather flock together(날개가 같은 새들이 함께 모인다)', 즉 '끼리끼리'의 원리로 볼 수 있지요. 수용성 물질은 물을 좋아하고, 지용성 물질은 기름을 더 좋아한다는 논리와 같습니다. 비슷한 것끼리 모이는 것은 자연에서나 인간사에서나 마찬가지죠. 여러분의 친구들을 보세요. 아마 대부분 여러분과 비슷한 사고, 취향, 습관, 취미를 가진 친구들일 거예요. 친한 친구와는 성향이 비슷해 많은 시간 함께 수다를 떨고, 맛있는 음식을 먹고, 오랜 기간 여행을 떠나는 등, 무엇을 해도 마음이 통하듯 화학에서도 비슷한 것끼리 친화력이 좋게 나타나는 이유를 같은 맥락에서 생각할 수 있습니다. 따라서 우유속 유지방의 구조는 매운 맛 성분의 구조와 비슷하기에 서로 잘 용해되어 우리의 입안을 더 이상 맵지 않게 해줄 수 있는 것이죠.

욕심쟁이 원소와
전기 음성도

대부분의 물질은 분자 상태로 존재하는데 이러한 분자는 '극을 띠는 극성 분자'와 '극을 띠지 않는 무극성 분자'로 나눌 수 있습니다. 여기서 '극'이란 무엇일까요? 자기장에는 N극과 S극이 있고, 전기장에는 (+)극과 (-)극이 있는데요. 분자의 극성에서 다루는 극이라 함은 '전자의 치우침'이라고 생각하면 됩니다. 우리는 앞에서 공유 결합에 대해 배웠습니다. 각 원자들이 옥텟 규칙을 만족하면서 안정된 전자 배치를 위해 서로의 원자가(原子價) 전자를 공유하는 결합이었죠. 수소 분자(H_2)와 염화 수소 분자(HCl)는 모두 공유 결합 물질입니다. 수소(H) 분자의 경우 수소 원자의 원자가(原子價) 전자가 각각 1개씩 존재하므로 이들은 서로의 전자를 공유하여 단일 결합을 이룹니다. 한편, 염화 수소 분자는 수소 원자와 염소(Cl) 원자의 원자가(原子價) 전자가 각각 1개와 7개로 이들 사이에는 공유 전자쌍 1개가 형성되며, 수소 분자와 똑

홀전자

단일 결합
(공유 전자쌍 1개)

수소 분자와 염화 수소 분자의 결합

같이 단일 결합을 이루게 됩니다.

　여기서 두 분자의 차이는 무엇일까요? 똑같이 공유 전자쌍 1개씩을 가졌지만, 같은 공유 결합이라고 보기에는 다소 무리가 있지요? 그렇습니다. 두 분자는 '같은 원자로 이루어진 분자'와 '서로 다른 원자로 이루어진 분자'로 나누어 생각할 수 있어요. 세상 사람들의 성격이 제각각인 것처럼, 원소들의 세계에서도 똑같은 성질을 지닌 원소는 없습니다. 공유 결합을 형성할 때도 당연히 각 원소별로 공유 전자쌍을 잡아당기는 힘의 세기가 저마다 다르게 나타나지요. 과학자들은 이를

단어의 의미를 살펴보면 전기 음성도(electronegativity)는 '전자(electron)+음의~(마이너스(-)의, negative)+능력 (ability)'이라고 볼 수 있습니다.

'전기 음성도(electronegativity)*'라고 표현합니다. 전기 음성도! 말만 들어도 어려울 것 같은데요. 사실은 하나도 어렵지 않아요. 단어 안에 그 의미

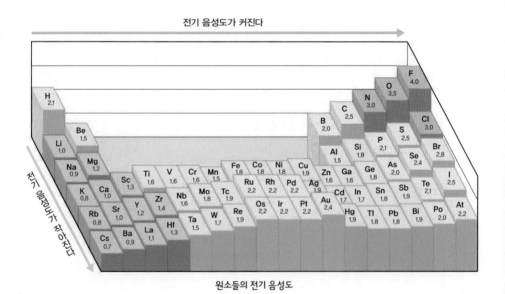

원소들의 전기 음성도

가 모두 들어 있거든요. 전기 음성도는 원소가 전자를 얻으면 음이온이 되듯이 화학 결합을 할 때 원소가 '전자를 잡아당기는 힘의 정도'와 '얼마나 전기적으로 음성을 지니는지'를 다루는 용어랍니다.

미국의 화학자 폴링(Linus Carl Pauling, 1901~1994)은 원자가 결합을 이룬 후에 전자를 자기 쪽으로 끌어당겨서 전기적으로 음전하를 띠는 경향을 그 원소의 전기 음성도라고 명명했습니다. 그리고 전기 음성도가 가장 큰 플루오린(F)의 크기를 '4'로 정하고 이를 기준으로 나머지 원소들의 전기 음성도를 상대적으로 수치화했지요.

따라서 수소 분자(H_2)와 염화 수소 분자(HCl)의 결합을 다시 한 번 살펴보면 다음과 같습니다. 먼저 수소 분자는 결합할 두 원자가 모두 같은 수소(H)이기 때문에 전기 음성도의 차이가 없습니다. 반면, 염화 수소 분자의 경우 수소와 염소(Cl)의 전기 음성도는 각각 2.1과 3.0으로 염소가 더 세게 전자를 잡아당기는 것을 알 수 있어요. 즉, 전자를 똑같이 공유하자고 했던 약속은 뒤로한 채 공유 전자쌍은 전기 음성도가 큰 염소에 치중되어 염소는 '부분적인 (−)전하'를 나타내게 되고, 수소는 상대적으로 '부분적인 (+)전하'를 띠게 되는 것입니다.

$$H - \overset{\cdot\cdot}{\underset{\cdot\cdot}{Cl}} :$$

(+)부분 전하 (−)부분 전하

여러분도 이런 경험을 한 적이 있을 텐데, 언제일까요? 여행을 떠나 가족 또는 친구들과 함께 한 이불을 덮고 잠이 들었던 경험이 있지요? 이때 이불을 세게 잡아당기는 가족 혹은 친구가 있다면, 이불은 힘이 센 사람 쪽으로 쏠려 있을 것입니다. 함께 덮기로 했던 약속 따위는 애

초에 없었던 것처럼요. 마찬가지로 공유 결합에 사용된 전자쌍은 전기 음성도의 차이에 의해 어느 한쪽으로 끌려가 치우침 현상이 일어날 수 있는데요. 이렇게 분자 내에 전하를 갖게 되는 결합을 '극성 결합'이라고 부릅니다. 한편 같은 원소로 구성된 분자의 경우에는 전기 음성도의 차이가 나타나지 않으므로 공유 전자쌍이 어느 한쪽으로 끌려가지 않기 때문에 이러한 결합을 '무극성 결합'이라 부르죠.

그렇다면, 공기 중 약 78%와 21%를 차지하는 질소 분자(N_2)와 산소 분자(O_2)는 어떤 결합을 이룰까요? 맞습니다. 모두 부분적인 전하가 나타나지 않는 같은 원소로 이루어진 2원자 분자에 해당하므로 '무극성 결합'을 이룬다고 할 수 있습니다.

무극성 결합을 이루는 질소 분자(N_2)와 산소 분자(O_2)

전기 음성도가 서로 다른 원소들 사이의 결합을 모두 '극성 결합'이라 부른다고 했는데요. 이들의 성질, 즉 분자 자체의 성질은 결합에 따라 어떻게 나타날까요? 도시 가스의 주원료인 메테인(CH_4)과 광합성에 꼭 필요한 이산화 탄소(CO_2)를 살펴보면 이들은 모두 전기 음성도의 크기가 서로 다른 탄소(C)와 수소(H), 그리고 탄소(C)와 산소(O)로 이루어진 화합물임을 알 수 있습니다. 따라서 이들을 이루는 각 결합, 즉 탄소와 수소(C-H), 그리고 탄소와 산소(C=O)는 모두 극성 결합을 형성하고 있음을 알 수 있죠.

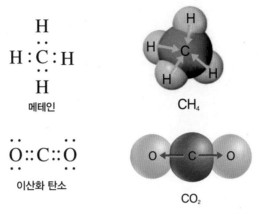

극성 결합을 이루는 메테인 분자(CH$_4$)와 이산화 탄소 분자(CO$_2$)

그렇다면 이들의 성질은 어떻게 나타날까요? 메테인과 이산화 탄소를 이루는 각 원소와 원소 사이의 결합은 극성 결합입니다. 하지만 그 구조를 살펴보면 메테인의 경우 정사면체, 이산화 탄소의 경우 직선형으로 모두 '대칭 구조'*이기 때문에 전기 음성도의 차이로 생겼던 극성이 상쇄되는 효과가 나타나게 됩니다. 마치 양쪽에 무게가 똑같은 사람이 탄 시소가 균형을 이룬 것처럼 말이죠! 정리해보면 각 원자들 사이에는 전기 음성도의 차이에 따라 '부분 전하'가 생기지만, 대칭 구조이기에 분자 전체로 봤을 때에는 부분

이때 대칭 구조란 어떤 쪽(위, 아래, 왼쪽, 오른쪽 모두)을 기준으로 하더라도 그 축을 중심으로 회전시켰을 때 마주보는 쪽과 포개져야 함을 뜻합니다.

균형을 이룬 시소
= 대칭 구조의 무극성 분자

전하의 영향이 모두 상쇄될 수밖에 없다는 말입니다. 이처럼 대칭 구조이기 때문에 극성 결합에서 나타났던 극성이 모두 상쇄된 분자들을 '무극성 분자'라고 부릅니다. 그럼 극성 분자는 어떤 것일까요? 앞의 논리로 이야기해보자면 극성 결합을 하는 화합물 중에서 대칭 구조가

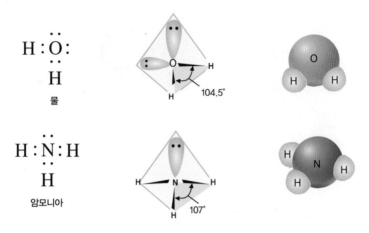

대칭구조가 아닌 물 분자(H_2O)와 암모니아 분자(NH_3)

아니면 된다는 것을 쉽게 추측할 수 있지요. 극성 분자인 '물(H_2O)' 분자와 '암모니아(NH_3)' 분자의 구조를 살펴볼까요? 먼저, 각 분자의 구조에서 알 수 있듯이 이들에게는 서로 공유하지 않는 '비공유 전자쌍'이 존재합니다. 물은 2개, 암모니아는 1개로 이들은 각각 '굽은형'과 '삼각뿔형'의 구조를 이루지요. 즉, '대칭 구조가 아님'을 알 수 있습니다.

따라서 극성 결합을 가진 화합물의 경우, 대칭 구조가 아니라면 극성이 상쇄될 수 없기에 공유하기로 했던 전자쌍이 욕심쟁이 원소에게 한

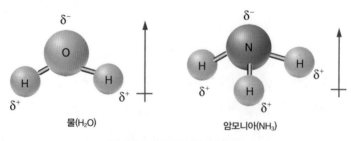

산소(O)와 질소(N)에 쏠린 전자쌍

쪽으로 쏠린 것과 같은 모양새를 나타내게 되며, 우리는 이러한 분자들을 '극성 분자'라고 부릅니다. 물과 암모니아의 경우 산소와 질소가 욕심쟁이 원소에 해당한다고 할 수 있죠.

유유상종의 원리가 여기에도 적용되네요. 즉 극성 물질은 극성 용매에 잘 용해되고, 무극성 물질은 무극성 용매에 잘 용해된다는 의미입니다. 자, 이제 실험을 통해 극성 분자와 무극성 분자의 성질이 어떻게 나타나는지 확인해보도록 하겠습니다.

Chemical lab
극성분자와 무극성분자 실험

▶▶ **실험 과정**

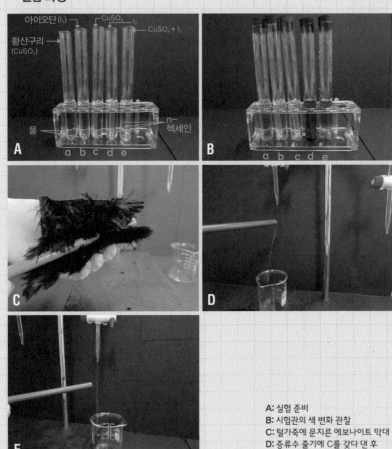

A: 실험 준비
B: 시험관의 색 변화 관찰
C: 털가죽에 문지른 에보나이트 막대
D: 증류수 줄기에 C를 갖다 댄 후
E: n-헥세인 줄기에 C를 갖다 댄 후

1. 5개의 시험관을 준비하여 a와 b에는 물 5mL씩, c와 d에는 n-헥세인(헥산) 5mL씩, e에는 물과 n-헥세인을 각각 5mL씩 함께 넣는다.*(A)

2. 시험관 a와 c에는 황산 구리(CuSO₄) 1g씩, b와 d에는 아이오딘(I₂) 1g씩, e에는 황산 구리와 아이오딘을 각각 1g씩 넣고 잘 흔든 후 용액의 색을 관찰한다.**(B)

3. 스탠드에 설치된 뷰렛 2개에 깔때기를 이용하여 증류수와 n-헥세인을 각각 넣는다.***

4. 뷰렛의 콕을 열어 가는 액체 줄기가 흐르도록 한다. 이때 뷰렛에 나온 액체를 담을 수 있도록 뷰렛 아래에는 비커를 미리 둔다.

5. 각 줄기에 털가죽에 문지른 에보나이트 막대를 가져가 관찰한다.(C, D, E)

6. 각 줄기에 에보나이트 막대 대신 털가죽에 문지른 고무풍선을 가져가 관찰한다.

* 여기서 물은 극성 용매에 해당하고, n-헥세인은 무극성 용매에 해당합니다. n-헥세인을 사용할 때에는 환기가 잘 되는 곳에서 실험해야겠죠? 그리고 각 액체의 양을 측정할 때 사용하는 눈금 실린더는 각각 구별해서 사용해야 합니다.

** 여기서 황산 구리는 이온 결합 물질로서 극성 용질을 대신해 사용하게 되며, 아이오딘은 무극성 용질이라고 생각하면 됩니다. 또한 각 고체를 덜어낼 때 사용하는 약수저는 구별해서 사용해야 하고요.

*** 이때 깔때기를 살짝 들어주어야 용액이 넘치지 않습니다!

극성 분자는 극성 분자를,
무극성 분자는 무극성 분자를 좋아해!

실험 결과 이온 결합 물질인 황산 구리($CuSO_4$)는 극성 용매인 물에 잘 용해되는 것을 관찰할 수 있었습니다. 물이 담긴 첫 번째 시험관 ⓐ에서는 용액이 '푸른색'으로 변했지만, 무극성 용매가 담긴 세 번째 시험관 ⓒ에서는 용액이 변하지 않은 것을 통해 알 수 있지요. 무극성 물질인 아이오딘은 극성 용매인 물보다 무극성 용매인 'n-헥세인'에 잘 녹게 됩니다. 두 번째 시험관 ⓑ에서는 보라색을 나타내지 않았지만, 네 번째 시험관 ⓓ에서는 용액이 '보라색'으로 변한 것이 그 증거지요(B).

털가죽에 문지른 에보나이트 막대와 풍선에는 어떤 변화가 나타났나요? 극성 물질인 물은 휘어지지만(D), 무극성 물질인 n-헥세인은 아무 변화도 나타나지 않았죠(E). 물은 극성 분자이므로 분자 내에 극을 띠게 되어 대전체를 가까이하면 액체 줄기가 대전체에 끌려 휘게 됩니다. 그러나 무극성 분자인 n-헥세인은 분자 내에 극을 띠지 않아 대전체를 가까이 가져가도 휘지 않는 것입니다. 이번 실험을 통해 극성 분자 또는 이온 결합 물질은 극성 용매인 물에 잘 용해되고, 무극성 분자는 무극성 용매에 잘 용해되는 용해성에 대해 알 수 있었습니다. 더불어 극성 분자는 대전체의 영향을 받고 무극성 분자는 대전체의 영향을 받지 않는 전기적 성질을 띠는 것을 관찰할 수 있었습니다.

세상에 존재하는 모든 물질에게는 친구가 존재합니다. 자기와 비슷하면 할수록 더욱 우정이 끈끈해지죠. 따라서 극성 분자는 극성 분자를 좋아하고, 무극성 분자는 무극성 분자를 좋아하게 되는 것입니다! 또한 분자량이 비슷한 경우라면 극을 띠는 극성 분자 사이의 힘이 극을 띠지 않은 무극성 분자 사이의 힘보다 더 강하게 나타납니다. 분자 내 극을 띠고 있는 경우, 마치 자석의 N극이 다른 자석의 S극을 쫓아가듯 극성 분자의 부분 전하끼리 서로 인력이 작용하기 때문입니다. 무극성 분자인 메테인(CH_4)은 상온에서 기체 상태이지만, 극성 분자인 물(H_2O)은 상온에서 액체 상태로 나타나는 이유가 바로 분자 사이의 인력이 다르기 때문이지요.

라이너스 폴링 (1901~1994)

폴링은 지금까지 '혼자서' 노벨상을 두 번 받은 유일한 사람입니다. 1954년에 화학결합의 본질을 밝히고 그것을 이용하여 복잡한 물질 구조를 밝힌 업적으로 노벨 화학상을 수상했고요. 제2차 세계대전 직후 아인슈타인이 조직한 원자과학자 긴급위원회의 원수폭(原水爆) 금지 운동에 참가한 이래 평화운동을 추진하여 1962년에 노벨 평화상을 수상하지요.

Linus Carl Pauling, L

어니스트 러더퍼드 (1871~1937)

러더퍼드는 영국의 핵물리학자로서 1910년 알파 입자 산란 실험으로 원자의 내부 구조를 밝히고 핵의 존재를 주장합니다. 1913년, 헨리 모즐리와 음극선을 이용해 원자번호에 따른 주기율표를 고안하고, 1919년에는 질소 같은 가벼운 여러 원소가 알파파에 의해 붕괴되는 과정에서 방출되는 양성자를 발견합니다. 그는 원소의 붕괴와 방사화학에 대한 공로를 인정받아 1908년, 노벨화학상을 수상합니다.

Ernest Rutherford

수소와 헬륨의 위치는 어디?

여러분, 주기율표에서 수소와 헬륨의 위치가 어디였는지 떠올려보세요. 수소는 가장 바깥쪽 껍질에 전자를 하나 가진 리튬 위에 위치하고 있죠? 헬륨은 네온 위에 자리하고 있고요. 그런데 2012년 이들의 위치에 대한 논쟁이 벌어졌답니다. 수소는 금속 원소가 아니며, 할로젠 원소와 성질이 비슷하기 때문에 전자의 구조면에서는 알칼리 금속이 아닌 할로젠으로 분리되는데요. 그래서 IUPAC(국제 순수 및 응용화학연맹)에서는 수소의 위치를 17족 원소로 옮겨야 한다고 주장했지요. 마찬가지의 원리로 헬륨도 베릴륨 위에 놓아야 한다는 설이 있지만, 헬륨은 비활성 기체이므로 현재의 위치가 적당하다고 합니다.

(참고: 「뉴턴」 2012. 06월 호)

수소
(H)

수소와 헬륨의 위치,
여러분의 생각은
어떠신가요?

헬륨
(He)

눈에 보이지 않는
기체에도
성질이
있나요?

7장

눈에 보이지 않는
기체의 압력

비가 온 다음 날의 새벽 공기는 왠지 좀 더 신선한 느낌입니다. 상쾌하고, 쾌적한 날씨의 시작을 알려주는 것 같지요. 기분 좋은 아침 공기! 그 속에는 우리가 의식할 순 없지만 질소 기체와 산소 기체가 존재합니다. 거기에 비까지 오면 수증기의 함량이 평소보다 조금 더 많아지겠죠. 눈에 보이지 않지만 실재(實在)하는 작은 입자들! 이번 시간에는 기체에 대해 살펴보려 합니다.

기체를 뜻하는 'gas'는 혼란스럽다는 뜻의 'chaos'에서 유래되었답니다. 기체 입자들은 가만히 있으려고 하지 않아요. 고체나 액체 분자들의 진동 운동에 비해 기체는 더 넓은 공간에서 자유롭게 운동하며 서로 충돌하게 됩니다. 이때 특정한 용기에 담긴 기체 분자들은 벽에 충돌하여 힘을 가하게 되는데요. 기체 입자들이 단위 면적당 충돌하여 나타내는 힘을 '압력'이라고 합니다. 그렇다면 사람이 살아가는 데 없어서는 안 될 공기가 우리에게 가하는 '압력'은 얼마일까요?

공기도 질량을 갖는 기체이므로 지구 중력의 영향을 받아 무게를 갖습니다. 공기는 가벼워서 무게가 느껴질 것 같지 않지만 실제로는 상당한 무게로 지표를 누르고 있지요. 이렇게 일정한 면적을 누르고 있는 공기의 무게를 '대기압'이라고 합니다. 그런데 여러분, 일상생활을 할 때 대기압이 느껴지던가요? 아마 대부분의 사람들이 공기의 존재조차 인식하지 못한 채 생활하고 있을 텐데요. 과거에 있었던 실험을 통해 대기압의 존재를 느껴보도록 하겠습니다.

자, 지금부터 1644년으로 거슬러 올라가 갈릴레이(Galileo Galilei, 1564~1642)의 제자인 토리첼리(Evangelista Torricelli, 1608~1647)가 대기압의 힘을 측정할 수 있었던 실험을 엿볼 텐데요. 토리첼리는 갈릴레이의 제안에 따라 수은을 사용하여 대기압을 측정하는 장치를 고안합니다. 길이가 1m이고, 한쪽 끝이 막힌 유리관을 준비한 후 수은을 가득 넣고, 수은이 담긴 수조에서 그 유리관을 거꾸로 세우는 실험이었죠.*

수은은 물보다 13.6배 더 무겁기 때문에 길이가 1m인 유리관으로 실험이 가능하지만, 물로 실험한다면 물의 밀도가 수은보다 13.6배만큼 작기 때문에 10m보다도 더 높은 유리관을 사용해야 하겠죠?

자, 수은이 담긴 유리관의 실험 결과는 어땠을까요? 상상으로는 당연히 액체 수은이 중력에 의해 유리관에서 수조 쪽으로 모두 쭉 빠져 나왔을 것 같은데요. 결과는 달랐습니다. 수은은 76cm 높이에서 더 이상 내려오지 않고 멈췄으며, 유리관 안의 위쪽에는 진공 상태가 만들어지는 것을 확인할 수 있었답니다. 수은의 입장에서라면 지구 중력에 이끌려

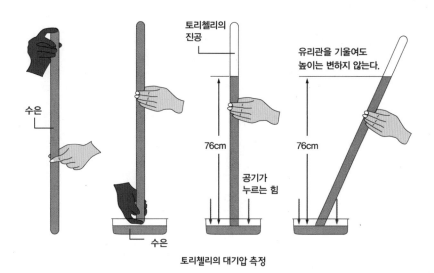

토리첼리의 대기압 측정

유리관을 모두 빠져 나오고 싶겠지만, 외부에서 작용하는 어떤 큰 힘에 의해 더 이상 내려오지 못하고 76cm 높이에서 멈추고 만 것이죠.

정리해보면 외부에서 작용하는 공기의 압력인 '대기압의 힘'은 대기압 측정 실험에서 수은 기둥을 76cm 높이까지 밀어올린 결과와 같다는 뜻입니다. 따라서 토리첼리의 실험으로부터 단위 면적에 작용하는 수은 기둥의 무게는 외부에서 작용하는 공기의 압력인 대기압의 크기와 같다는 사실을 알 수 있어요. 즉 평균 해수면에 작용하는 대기압인 '1기압'은 '수은 기둥 76cm의 압력'과 같다는 것이 밝혀진 셈입니다. 그렇다면 대기압인 1기압의 크기는 어느 정도일까요? 1기압은 '$1cm^2$의 면적에 대략 1kg의 물체가 누르는 압력'에 해당합니다. 따라서 사람 손바닥의 평균 면적이 $50cm^2$ 정도라면 무려 50kg에 해당하는 공기의 힘을 들고 있는 것과 같아요.

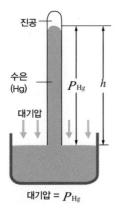

진공

수은
(Hg)

P_{Hg} h

대기압

대기압 = P_{Hg}

대기압 =
수은 기둥 76cm의 압력

압력은 기체의 가장 중요한 특성 중 하나입니다. 기체의 압력은 온도, 부피, 기체의 입자수와 관련이 있는데요. 지금부터 기체의 성질에 대해 하나씩 살펴보도록 하겠습니다.

1662년 영국의 과학자인 보일(Robert Boyle, 1627~1691)은 한쪽 끝이 막힌 J자 관과 수은을 사용해* 일정한 온도에서 기체의 압력을 변화시키면 부피가 어떻게 변하는지 관찰했습니다. 이때 그는 끝이 막힌 쪽에 일정한 양(60mL)의 기체를 넣어둔 다음 수은을 주입했어요. 먼저 a와 같이 J자 관 속 수은의 양쪽 높이가 같아졌다면 기체의 압력

대기압 관련 실험에서 수은을 이용하는 이유는 밀도가 크기 때문입니다. 밀도가 작은 물질로 실험할 경우 대기압이 누르는 힘을 감당하려면 유리관(J자 관)의 사이즈가 엄청 커져야 하거든요.

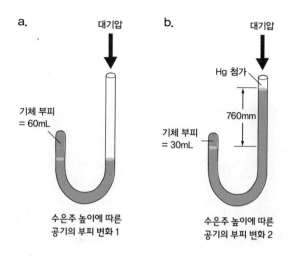

a. 대기압
기체 부피 = 60mL

수은주 높이에 따른
공기의 부피 변화 1

b. 대기압
Hg 첨가
760mm
기체 부피 = 30mL

수은주 높이에 따른
공기의 부피 변화 2

은 얼마에 해당할까요? 눈에 보이지는 않지만, J자 관의 오른쪽 부분은 대기압이 누르고 있는 것이므로 1기압에 해당한다고 볼 수 있습니다.

여기에 수은을 더 넣어 수은주의 높이 차이가 생기면 기체에 가해지는 압력은 증가하겠죠? 왜냐하면 이때의 압력은 대기압과 수은주의 높이 차이에 해당하는 압력을 더한 값과 같다고 볼 수 있으니까요. 따라서 그림과 같이 수은을 더 넣어 높이 차가 760mm(=76cm)만큼 생기면 기체에 가해지는 압력은 대기압인 1기압과 높이 차에 해당하는 압력, 1기압을 더한 '2기압'에 해당한다고 볼 수 있어요. 또한 기체가 차지하는 부피는 30mL가 되지요. 이처럼 보일은 일정한 온도 하에 수은을 조금씩 더 주입하여 압력을 증가시킴에 따라 기체의 부피가 어떻게 나타나는지를 관찰했습니다. 즉, 일정한 온도에서 기체의 부피와 압력 사이에는 반비례 관계가 성립한다는 것을 정량적으로 밝혀낸 셈이죠!

$$기체의\ 압력(P) \times 부피(V) = k\ (k는\ 상수,\ 온도가\ 일정)$$

자, 그럼 실험을 통해 보일 법칙을 재연해보도록 할까요?

보일법칙실험

Chemical lab

▶▶실험 과정

A: 실험 준비
B: A에 추 1개를 올려놓은 후
C: A에 추 2개를 올려놓은 후
D: A에 추3개를 올려놓은 후

1. 보일 법칙 실험 장치를 준비한 후 밸브를 조절하여 기체의 부피 측정관 속 공기의 눈금이

   6mL보다 조금 위에 놓이도록 한 후 밸브를 잠근다.*(A)

2. 1의 실험 장치에 추 1개를 올려놓고 부피 측정관의 눈금을 읽는다.**(B)

3. 1의 실험 장치에 추를 2개 올려놓으면서 각각의 압력에 대한 부피 측정관의 눈금을 읽는다.(C)

4. 1의 실험 장치에 추를 3개 올려놓으면서 각각의 압력에 대한 부피 측정관의 눈금을 읽는다.(D)

* 이때 눈금을 6mL보다 조금 위에 놓는 이유는 추를 올려놓지 않아도 대기압이 작용해서 받침대가 약간 내려
  가게 되므로 1기압에서의 부피를 정확하게 6mL에 맞추기 위함입니다.
**실험에 사용된 추 1개는 1기압에 해당하는 무게로 미리 제작된 도구입니다.

일상 속에 숨은
보일 법칙의 신비

실험 결과를 정리해볼까요? 먼저 A에서는 눈에 보이지 않는 공기의 기둥, 즉 1기압이 장치를 누르고 있으므로 1기압의 압력이 용기 속 기체에 가해지고 있다고 볼 수 있습니다. 이때 B와 같이 1기압에 해당하는 추 1개를 올려놓으면 기체에 가해지는 압력은 2기압(대기압 1기압+추 1개의 압력)이 되어 기체가 차지하는 부피는 A에서 차지한 부피의 절반인 3mL가 되는 것을 확인할 수 있지요. D에서는 추가 3개이므로 기체에 가해지는 압력은 4기압(대기압 1기압+추 3개의 압력)이 되겠죠? 그렇다면 부피는 얼마일까요? 기체의 압력(P)과 부피(V)의 곱은 일정하다는 '보일 법칙($P \times V = k$)'에 따라 '1기압 $\times$ 6mL=2기압 $\times$ 3mL=4기압 $\times$ 1.5mL'가 성립함을 알 수 있습니다.

보일 법칙 실험

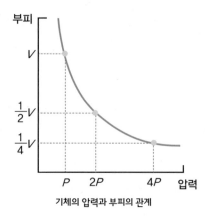

기체의 압력과 부피의 관계

이 관계를 그래프로 나타내면 위와 같습니다. 즉 온도가 일정할 때 기체의 압력과 부피는 반비례 관계가 성립함을 알 수 있지요!

기체의 압력과 부피의 관계를 보여주는 보일 법칙은 이렇게 정량적으로 따져도 잘 들어맞지만, 재미있는 실험을 통해서도 관찰할 수 있답니다. 먼저 주름진 빨대를 준비해주세요(A). 그리고 129쪽의 그림과 같이 낚시찌가 물에 동동 떠 있는 모습처럼 보이도록 빨대를 구부려 구리선(또는 구리 코일)으로 감아줍니다(B). 이때, 구리선을 너무 많이 감으면 빨대가 바닥으로 가라앉게 되고, 너무 적게 감으면 빨대가 가벼워 옆으로 쓰러지기 때문에 가라앉지 않을 만큼만 주의해서 감아주세요. 적당히 감은 빨대를 물을 담은 페트병에 넣고 병뚜껑을 닫습니다(C). 자, 이제 페트병을 세게 눌러볼 텐데요. 물속에 떠 있는 빨대는 어떻게 될까요? 힘을 주어 눌렀더니 페트병 속 빨대가 잠수부처럼 밑으로 쑥 내려갔다가(D) 힘을 빼니 다시 수면 위로 비상하듯 쑥 올라옵니다. 이 실험과 보일 법칙의 원리가 무슨 관계가 있냐고요?

빨대 잠수부 실험

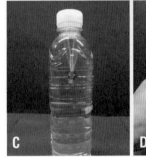

페트병에 힘을 주면 빨대 안쪽에 물이 채워지면서 빨대 안 공기의 압력이 증가하고 부피가 감소합니다. 즉, 일정한 질량을 가진 기체의 부피가 감소하면 밀도가 증가하기 때문에 구부려진 빨대는 물속으로 가라앉을 수밖에 없는 것이죠. 이때 페트병을 놓으면 다시 빨대 속 기체의 부피가 증가하므로 밀도가 작아지겠죠? 따라서 빨대 잠수부는 원위치로 복귀하는 것입니다.

이번에는 보일 법칙을 이용하여 '왕 초코파이'를 만들어보도록 하겠습니다. 부엌에서 사용하는 진공 용기에 초코파이를 넣고 펌프를 이용해 용기 내 압력을 낮추는 실험입니다.

초코파이 가운데 있는 마시멜로우 속에는 많은 공기 입자들이 존재

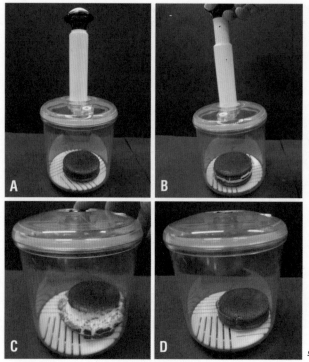

왕 초코파이 실험

하는데요(A). 진공 펌프를 이용해 용기 속 압력을 감소시키면 마시멜로 우 속 공기의 부피가 증가하겠죠?(B) 따라서 마시멜로우가 커다랗게 부풀어 오르면서 초코파이는 예전 모습을 잃고 왕 초코파이가 됩니다 (C). 이때 진공 장치의 압력을 조절하여 다시 공기를 주입하면 초코파이에 가해지는 압력이 증가하여 마시멜로우의 부피가 감소하면서 파이 속으로 그 자취를 감추게 됩니다(D).

잠수부 빨대나 왕 초코파이 모두 기체의 압력 변화에 따라 나타나는 부피 변화의 모습입니다. 실험은 여기까지 하고, 이제 생활 속에서 나타나는 보일 법칙에는 어떤 것이 있는지 찾아볼까요? 깊고 푸른 바다에 여러분이 잠수한 모습을 상상해보세요. 바다 속에 들어간 여러분은 잠수통의 공기를 이용하여 호흡을 하게 되는데요. 이때 여러분이 내뿜는 이산화 탄소 기체는 푸른 바다 속에서 동그란 모양을 만들면서 수면 위로 떠오르게 됩니다. 뽀글뽀글 떠오르는 기포는 수면으로 오를수록 모양이 조금씩 변하는데요. 그 이유는 바다 속과 수면의 수압(水壓)이 다르기 때문입니다. 수심이 깊은 곳에서는 압력이 크게 작용하는데 반해 수면에 가까우면 가까울수록 수압이 작아지거든요. 이러한 이유로 여러분이 내뿜었던 기포의 크기는 수면 위로 올라오면 올라올수록 점점 커지는 것이죠.

이제 학교로 가볼게요. 농구 좋아하는 사람? 멋진 농구화를 신고 친구들과 한 게임 하다보면 시간 가는 줄 모르는데요. 여러분이 신는 농구화에도 과학적 비밀이 숨겨져 있다는 사실! 농구화 밑창에 들어 있는 공기 주머니는 우리가 뛸 때마다 가해지는 압력에 따라 부피가 변하면서 발에 가해지는 충격을 줄여준답니다. 멋있는 점프, 근사한 착지, 깔끔한 슈팅 동작까지, 공기 주머니의 도움이 없었다면 2% 부족했을 거예요.

또 상공에 떠 있는 비행기에서 스낵 과자를 먹어본 적이 있나요? 과자 봉지는 상공에 올라가면 빵빵하게 부풀어 오르는데요. 이 역시 보

보일 법칙의 사례:
농구화 밑창의 공기 주머니(왼쪽),
상공에서 부풀어 오르는 과자 봉지(오른쪽)

일 법칙의 사례로 꼽을 수 있답니다. 일상생활에서도 관찰할 수 있는 보일 법칙! 정말 흥미롭지요? 여러분 스스로 보일이 되어 어떤 사례가 더 있을지 생각해보세요.

기체의 온도와 부피의 관계

자! 이제 기체의 온도와 부피가 어떤 관계인지 알아보도록 하죠. 1787년 프랑스의 화학자 샤를(Jacques Alexandre César Charles 1746~1823)은 일정한 압력에서 여러 가지 기체의 '열팽창'을 정량적으로 측정하였습니다. 그 결과, 종류나 온도 구간에 따라 팽창률이 매우 다양하게 나타나는 액체나 고체와는 달리, 기체는 그 종류나 온도 구간에 상관없이 팽창률이 일정하며, 특히 산소, 질소, 수소, 이산화 탄소, 공기는 0℃와 80℃ 사이에서 온도가 높아질 때의 부피 팽창률이 같다는 사실을 발견했습니다. 그러나 무슨 이유에서인지 샤를은 이 결과를 논문의 형태로 발표하지 않았답니다.

기체의 부피와 온도의 관계를 처음으로 명백한 형태로 제시한 사람은 '기체 반응의 법칙'의 발견으로 유명한 게이 뤼삭입니다. 1808년, 게이 뤼삭은 기체의 팽창을 정밀하게 측정할 수 있는 장치를 고안했고, 그 장치를 통해 공기, 수소, 산소, 질소 등이

샤를(왼쪽)과 게이뤼삭(오른쪽)

기체의 종류	공기	수소	산소	질소
0℃에서의 부피	100	100	100	100
100℃에서의 부피	137.5	137.52	137.49	137.49
부피 변화	37.5	37.52	37.49	37.49
기체의 부피 팽창률	0.00375	0.003752	0.003749	0.003749

기체의 종류에 따른 부피 팽창률

0℃에서 100℃까지 온도가 높아질 때의 부피 변화를 측정하여 다음과 같은 결과를 얻었습니다.

이 결과를 어떻게 해석할 수 있을까요? 게이 뤼삭의 실험 결과에 따르면 종류에 관계없이 모든 기체는 0℃에서 100℃까지 올라갈 때 처음 부피의 1.375배로 늘어남을 관찰할 수 있습니다. 즉 온도가 1℃ 올라갈 때마다 모든 기체가 0℃ 때 부피의 $0.0375 = \frac{1}{266.7}$ 만큼씩 증가한다는 뜻이죠. 결국 그는 "모든 기체의 부피 팽창률은 거의 일정하다"라는 샤를과 동일한 결론을 내리게 됩니다. 그러나 시간이 흐른 뒤 다른 과학자들에 의해 기체의 부피 팽창률은 게이 뤼삭이 구한 값보다 조금 작은 $\frac{1}{273}$ 이라는 사실이 밝혀져요. 따라서 오늘 날 우리가 샤를의 법칙이라고 부르는 정량적 관계는 사실 샤를이 아닌 '게이 뤼삭의 작품'이라고 보는 것이 더 타당할 수도 있습니다.

한편, 우리는 또 다른 궁금증에 대한 해답을 찾아내야 합니다. 일정한 압력에서 기체의 온도를 높여가면 당연히 부피가 팽창된다고 알고 있는데요. 만약 기체의 온도를 높이지 않고, 점점 낮춰간다면 기체의 부피는 어떻게 될까요? 점점 작아지겠죠? 그렇다면 기체의 부피가 '0'이 되거나, 그것보다 작은 '음수(음의 정수)'가 될 수도 있을까요? 상상

7장 눈에 보이지 않는 기체에도 성질이 있나요?   133

이지만 기체의 부피가 0 또는 음수라는 것은 어불성설(語不成說)! 말도 안 되는 일일 텐데요. 그렇다면 온도를 점점 낮출 때 기체의 부피는 어떻게 될지 그 의문점을 풀어보도록 합시다.

일정한 압력에서 기체의 온도를 낮춰가며 부피를 측정하면, 어느 순간 기체는 액화 또는 승화되어 액체 또는 고체로 상태 변화가 일어납니다. 즉 기체의 부피는 0이나 음수가 될 수 없다는 말이죠!

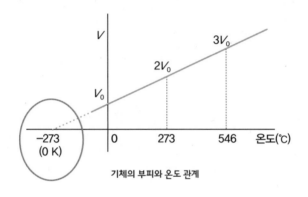

기체의 부피와 온도 관계

대신 우리는 그래프 상에서 외삽(外揷)의 선[19]을 그어볼 수는 있습니다. 참으로 신기하게도 어떤 종류의 기체로 실험해도 기체의 부피가 0으로 수렴하는 점은 모두 '-273.15℃'에서 나타나는데요. 그렇다면 실제로 기체의 부피가 0이 될 수는 없지만, 이 점을 기준으로 두면 기체의 온도와 부피의 선형 관계를 설명하기에 훨씬 편리하지 않을까요? 과학자들은 기체의 부피가 0이 되는 가상적인 기준점과 온도를 절대 0도라 하고, 이를 '0(K) 켈빈'이라고 칭하며 새로운 기준점과 온도 단위를

---

19 주어진 직선에서 연장선을 그어 X축과 만날 수 있도록 연결하는 선

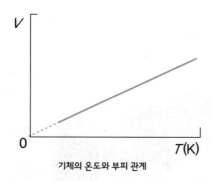

기체의 온도와 부피 관계

만들었습니다. 즉, 절대 온도 T(K)라 불리는 이 온도는 섭씨 온도(℃)에 273.15만큼을 더한 값이라 할 수 있고, 0(K) 켈빈은 기체의 부피가 0이 되는 가상적인 기준점을 뜻한다고 볼 수 있지요. 따라서 이를 이용하면 일정한 압력에서 기체의 부피와 절대 온도의 관계가 정비례함을 한눈에 알 수 있답니다.

기체의 부피(V) = k × 절대 온도(T)(k는 상수, 압력이 일정)

그럼 이번에는 샤를 법칙에 대한 실험을 재연해보도록 할까요?

Chemical lab
샤를법칙실험

▶▶실험 과정

뜨거운 물

차가운 물

차가운 물

A: 뜨거운 물이 담긴 비커
B: A에 빈 둥근바닥 플라스크를 담근 모습
C: 차가운 물이 담긴 비커에 둥근바닥 플라스크를 담근 모습
D: 둥근바닥 플라스크에 물이 들어온 위치 표기
E: 둥근바닥 플라스크를 꺼내 물을 가득 채운 모습
F: 눈금 실린더를 이용하여 실험 결과 측정

1. 전기 포트로 물을 끓여 1000mL 비커에 $\frac{4}{5}$ 정도가 되도록 뜨거운 물을 넣은 후 물의 온도를 측정한다.*(A)

2. 유리관이 끼워진 고무마개로 빈 둥근바닥 플라스크를 막고 뜨거운 물이 담긴 1000mL 비커에 5분간 넣어둔다.**(B)

3. 둥근바닥 플라스크의 유리관 끝을 손으로 막고 차가운 물이 들어 있는 1000mL 비커에 거꾸로 옮겨 놓은 후 손을 뗀 다음 5분간 넣어두고 물의 온도를 측정한다.***(C)

4. 둥근바닥 플라스크 안과 바깥의 수면 높이가 같아지도록 플라스크를 서서히 들어 올린 후 유성펜을 이용하여 물이 들어온 위치를 표시한다.****(D)

5. 기체의 부피를 측정하기 위해 둥근바닥 플라스크를 꺼내 물을 가득 채운 다음 눈금 실린더를 이용하여 물의 부피를 측정한다.(E)

6. 유성펜으로 표시한 부분까지 물을 가득 채운 후 눈금 실린더를 이용하여 물의 부피를 측정한다.(F)

* 이번 실험에서는 뜨거운 물을 다루므로 꼭 면장갑을 끼고 실험해야 해요.
** 도가니 집게를 이용해서 둥근바닥 플라스크가 입구까지 모두 잠길 수 있도록 해야 합니다. 이때 뜨거운 물을 조심하세요.
*** 차가운 물은 상온의 물에 얼음을 가득 넣어 준비하면 된답니다.
**** 플라스크 안쪽으로 물이 들어가 있죠? 수면을 같게 맞춘 후 물이 들어 온 위치, 즉 감소한 기체의 부피 변화 지점을 표시하면 되는 거예요.

오! 놀라운 샤를 법칙

실험 결과를 정리해보도록 하죠. 먼저 뜨거운 물과 차가운 물에서 기체의 부피가 어떻게 나왔는지 살펴봅시다. 뜨거운 물일 때, 즉 95.4℃에서 기체의 부피는 둥근바닥 플라스크 전체의 부피에 해당하므로 여기에 물을 가득 넣어 측정한 물의 부피가 곧 기체의 부피가 됩니다. 반면, 차가운 물일 때, 즉 2.4℃의 물에서 기체의 부피는 온도가 낮아지면서 감소하였기 때문에 감소된 공간만큼 물이 채워진 것을 알 수 있습니다. 따라서 유성펜으로 표시한 부분까지 물을 채워 측정했을 때, 그물의 부피가 곧 기체의 부피라고 할 수 있지요!

실험 과정	섭씨 온도(℃)	절대 온도(K)	기체의 부피 (mL)	$\dfrac{\text{부피(mL)}}{\text{절대 온도(K)}}$
뜨거운 물	95.4	368.4	140	0.38
차가운 물	2.4	275.4	100	0.36

기체의 온도와 부피 관계

표의 내용을 그래프로 그려볼까요? 일정한 압력에서 기체의 부피는 절대 온도에 비례하여 증가하는 것을 알 수 있습니다. 또한 두 번째 그래프에서 나타난 것과 같이 $\dfrac{V}{T}$ 값도 거의 일정하게 나타난다는 것을 알 수 있어요.

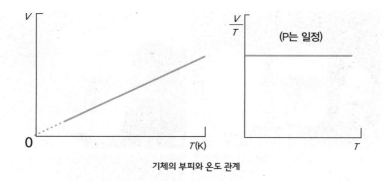

기체의 부피와 온도 관계

그럼 우리 주변에서 찾아볼 수 있는 샤를 법칙에 대해 이야기해볼까요? 여름철에 자동차나 자전거 바퀴에 공기를 넣을 때는 조심해야 합니다. 뜨거운 지열로 인해 타이어가 팽창하여 빵빵해진 타이어 때문에 사고가 날 수 있거든요. 따라서 바퀴에 공기를 넣을 때, 평소보다 약간 적게 넣어야 한답니다. 또 열기구 속의 공기를 가열하면 부피가 팽창하여 공기의 밀도가 작아지므로 열기구는 높은 상공으로 뜰 수 있게 되는데요. 이 역시 샤를 법칙의 사례로 볼 수 있습니다.

자, 이번에는 오줌싸개 짱구인형을 준비해서 샤를 법칙을 관찰해볼까요? 짱구인형과 뜨거운 물, 찬 물을 준비합니다.(A) 뜨거운 물이 담긴 컵에 오줌싸개 인형을 귀까지 담가주세요.(B) 그러면 인형 안쪽의 귀까지 해당되는 공간만큼 물이 들어갑니다. 그 다음 차가운 물이 들어 있는 컵에 인형을 머리까지 다시 담가 차게 식힙니다.(C) 인형이 차가워지면 밖으로 꺼내 그 위에 뜨거운 물을 부어주세요. 어머, 짱구가 오줌을 누고 있네요!(D)

짱구가 오줌을 누게 된 원리를 살펴볼게요. 우선 뜨거운 물이 담긴 컵에 인형을 귀까지 담가 놓으면 인형 속으로 그만큼 물이 들어가고 이때

오줌싸개 짱구 인형 실험

물이 채워진 윗부분에는 공기가 조금 남아 있게 됩니다. 그런데 인형을 차가운 물이 담긴 컵에 머리까지 담가 차게 식히면 인형 내부에 있는 공기가 응축되면서 부피가 작아지게 되고 따라서 다시 찬물이 조금 더 들어가게 되는 것이죠. 이렇게 식힌 인형 위로 뜨거운 물을 부으면 찬 공기가 뜨거운 열에 의해 팽창되어 인형 내부에 남아 있는 물을 외부로 밀어내게 된답니다. 마치 짱구가 시원하게 오줌을 누는 것처럼요!

과학의 법칙은 간단한 수식으로 표현할 수도 있고, 실험적으로 수치화할 수도 있지만, 이렇게 다양한 사물이나 자연 현상 속에서 일어나기도 합니다. 복잡한 실험을 척척 해내는 천재들만 과학자가 되는 것이 아니에요. 지금 저와 함께 실험하는 여러분 모두가 과학자가 될 수 있답니다.

풍선으로 알아보는
기체의 또 다른 특징

생일잔치 때, 스승의 날 행사에서, 학교 축제 준비를 하며 친구들과 열심히 풍선을 불었던 기억이 있을 텐데요. 색깔도, 모양도, 고무질도 각양각색이지만, 풍선은 부는 사람에 관계없이 우리가 내뿜는 숨에 의해 크기가 부풀어 오릅니다. 그 이유가 궁금하지 않나요?

자, 이번에는 일정한 압력과 온도에서 기체의 부피와 입자수는 어떤 관계가 있는지 알아보도록 하겠습니다. 작은 풍선이 커다랗게 되는 동안 우리는 열심히 숨을 내뿜습니다. 즉 풍선에 들어간 기체의 양이 증가했기 때문에 풍선의 크기가 커진 것이죠. 풍선 속 기체의 부피가 증가했다는 뜻으로 바꿔 표현할 수도 있겠네요. 이 말은 우리가 3강에서 살펴본 아보가드로의 법칙, '기체는 분자의 종류에 관계없이 같은 온도와 압력, 같은 부피 하에서는 같은 개수만큼의 분자가 들어 있다'는 사실을 이용하여 해석할 수 있습니다.

주어진 풍선은 온도와 압력이 같은 상태입니다. 그렇기 때문에 숨을 많이 내쉬면 풍선 속에 들어간 기체의 입자수가 많아진 꼴이므로 그에

이상기체	22.41
아르곤	22.09
이산화 탄소	22.26
질소	22.40
산소	22.40
수소	22.43

0℃, 1기압, 기체 1몰의 부피: 0℃, 1기압에서 여러 가지 기체 1몰(6.02×10^{23}개가 차지하는 부피는 모두 비슷하다.

비례하여 기체가 차지하는 부피는 커지게 되는 것이죠. 따라서 같은 온도와 압력 하에서 기체의 분자수가 증가하게 되면, 그만큼 부피도 증가하게 되고 이들 사이에는 다음과 같이 정비례 관계가 성립함을 알 수 있습니다.

기체의 부피(V) = $k \times$ 분자수 (n)(k는 상수, 압력과 온도가 일정)

이상 기체 방정식의 탄생!

지금까지 배운 것을 총 정리해보도록 하겠습니다. '기체는 0℃, 1기압에서 종류에 관계없이 22.4L 안에 6.02×10^{23}개, 즉 1몰 개의 분자가 들어 있다'고 배웠죠?(3강) 그렇다면, 이제 앞에서 다룬 기체의 법칙들을 모두 모아 압력과 온도, 입자수와 부피 사이에는 어떤 관계가 있는지 살펴보도록 하겠습니다. 먼저 보일 법칙에 의하면 온도가 일정할 때, 기체의 부피(V)는 압력(P)에 반비례한다고 했습니다. ⇒ $PV = k_1$

또한 샤를 법칙에 의하면 압력이 일정할 때, 기체의 부피(V)는 절대온도(T)에 비례한다고 했고요. ⇒ $\dfrac{V}{T} = k_2$

마지막으로 아보가드로 법칙에 의하면 압력과 온도가 일정할 때, 기체의 부피(V)는 입자수, 즉 몰 수(n)에 비례하게 되었는데요. ⇒ $\dfrac{V}{n} = k_3$

이 세 가지 법칙을 합치면!! $\dfrac{PV}{nT} = k$라는 관계식을 유도할 수 있습니다. 이때 '비례상수 k'는 어떤 값일까요? 우리가 아는 지식으로 충분히 끌어낼 수 있는데요. 앞서 기체 1몰은 0℃, 1기압에서 22.4L의 부피를 차지한다고 했죠? 이 값을 대입하여 비례상수 k를 구해보겠습니다.

$$k = \frac{PV}{nT} = \frac{1\text{atm} \times 22.4\text{L}}{1\text{mol} \times 273\text{K}} \fallingdotseq 0.082\text{atm} \cdot \text{L/mol} \cdot \text{K}$$

과학자들은 '영점 영팔이(0.082)'처럼 길게 말하는 것보다 하나의 문자로 간략하게 표현하는 것을 좋아한다고 했죠? 그래서 이 상수를 'R, 기체 상수'라고 부르기로 약속했답니다. 따라서 다시 식을 정리해보면 기체 1몰에 대해 보일 법칙과 샤를 법칙을 합친 '보일-샤를 법칙'을 기체 상수(R)를 사용해서 다음과 같이 나타낼 수 있습니다.

$$\frac{PV}{T} = R \Rightarrow PV = RT$$

이 식은 기체 1몰에 대한 식이므로 n몰의 기체를 기준으로 확장해보면 다음 식이 성립하게 됩니다. 세상에서 더할 나위 없이 중요한 식이 탄생하는 순간! 소개합니다. '이상 기체 방정식!!'

$$PV = nRT$$

어느 조건에서나 이 식을 완벽하게 만족하는 기체는 없지만, 이렇게 멋진 하나의 식에 의해 앞에서 다룬 일상생활의 예부터, 과학자들의 노력으로 일궈낸 여러 법칙과 관계식을 한 번에 표현할 수 있다는 사실! 정말로 근사하지 않나요?

지금까지 다룬 기체들은 눈에 보이지는 않지만 매우 빠르게 운동하고 있는 입자입니다. 상온에서 공기의 78%를 차지하는 질소 분자들은 평균 500m/s의 속도로 운동하며, 질소보다 가벼운 수소는 상온에서

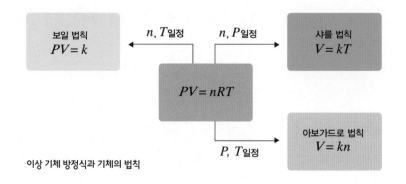

이상 기체 방정식과 기체의 법칙

평균 2km/s의 속도에 달하며 운동하고 있죠. 펄펄 끓고 있는 주전자에서 빠져 나온 물 분자(수증기)들은 100℃, 1기압에서 660m/s의 속도로 운동하며 서로 충돌하게 되는데요. 이렇게 무질서하게 움직이는 기체 분자들도 온도가 내려가 운동 에너지를 잃게 되면 점차 잠잠해지면서, 끓는점에 도달하게 되었을 때 드디어 액체가 됩니다. 무질서했던 모습은 온데간데없는 잠잠한 액체 상태로 말이죠! 그렇다면 이러한 액체는 어떤 특성을 가졌을까요? 잠깐 쉬었다가, 다음 강에서 살펴보도록 하겠습니다.

로버트 보일 (1627~1691)

보일은 근대 화학의 기초를 세운 철학자이자, 물리학자 겸 화학자로서 그의 저서 『의심 많은 화학자』는 화학의 기반을 마련한 책으로 평가됩니다. 보일은 1662년에 '보일 법칙'을 발견했으며, 소리는 공기가 없으면 전해지지 않는다는 사실을 발견하기도 했지요.

Robert Boyle

자크 알렉상드르 세사르 샤를 (1746~1823)

샤를은 프랑스의 과학자이자 수학자, 발명가입니다. 1783년, 수소를 가득 채운 기구를 하늘로 날리는 데 성공했고, 같은 해 12월에는 직접 기구에 탑승하여 550미터 상공까지 날아오르는 데 성공하면서 최초로 인간의 기구 비행을 실현하기도 했지요. 그는 1787년 기체의 성질을 연구하여, '일정한 압력 하에서의 기체의 부피 변화는 절대온도에 비례한다'는 그 유명한 '샤를 법칙'을 발견했습니다.

Jacques Alexandre César Charles

생명체에
꼭 필요한 물,
어떤 특성이
있나요?

8장

수소 결합의 힘을 보여주지!

천연의 아름다움을 간직한 남극! 이곳에도 매력적인 화학의 세계가 펼쳐져 있답니다. 자, 남극의 풍경을 상상해보세요. 검푸른 빛을 뿜내는 바닷물, 그 위로 하늘을 휘감은 수증기 상태의 구름, 마지막으로 바다 위에 펼쳐져 있는 은빛의 얼음덩어리 빙하까지! 한데 모여 멋진 경관을 만드는 그들에게는 공통점이 있습니다. 바닷물, 하늘, 빙하를 이루는 물질이 모두 '물(H_2O)'이라는 사실이죠. 물은 자연 및 생명 현상에서 없어서는 안 될 매우 중요한 물질이기에 이렇게 다양한 형태로 우리 주변을 둘러싸고 있습니다. 그럼 지금부터 물이 어떤 특성을 갖고 있는지 살펴보도록 할까요?

물 분자의 화학식은 H_2O입니다. 산소(O) 원자 1개와 수소(H) 원자 2개가 서로의 원자가(原子價) 전자를 공유하여 안정된 옥텟 규칙을 만족

다양한 물 분자의 모습

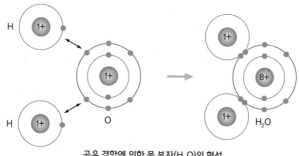

공유 결합에 의한 물 분자(H_2O)의 형성

하면서 물이라는 화합물을 만들지요.

물 분자에서 나타나는 다양한 특성은 6강에서 배웠던 것처럼 분자가 가진 구조적 성질 때문입니다. 물 분자를 이루는 산소 원자는 수소 원자에 비해 공유한 전자쌍을 강하게 끌어당기는데요. 우리는 앞서 이런 현상을 '전기 음성도'라고 정의했습니다. 즉, 산소 원자는 전기 음성도가 큰 원소인 셈이죠. 따라서 물 분자 내에서 공유 전자쌍은 산소와 수소가 같은 힘으로 나란히 나누어 가지는 것이 아니라, 산소 쪽에 치

줄다리기: 줄다리기를 할 때 힘이 센 쪽으로 줄이 당겨지는 것처럼 공유 전자쌍은 전기 음성도가 큰 원자 쪽으로 치우치게 됩니다.

우쳐 있음을 알 수 있습니다.

결국 전자를 얻은 원소는 음이온을 형성하고, 전자를 뺏긴 원소는 양이온을 형성하는 것처럼 산소 원자는 부분적인 (-)전하(δ^-)를, 수소 원자는 부분적인 (+)전하(δ^+)를 나타내게 됩니다. 이렇게 물 분자에서 형성된 부분적인 전하는 분자와 분자 사이의 인력을 강하게 만들어줍니다. 마치 자석의 N극과 S극이 서로 세게 끌어당기는 것처럼 말이죠. 따라서 부분적인 (-)전하를 띤 산소 원자와 이웃한 물 분자의 부분적인 (+)전하를 띤 수소 원자 사이에는 분자 간 인력이 형성되는데요. 이들 사이의 힘은 다른 분자들 사이의 인력에 비해 비교적 크게 나타납니다. 이렇게 전기 음성도가 큰 원소[20]와 수소가 결합된 분자의 경우 부분 전하를 강하게 띠므로 분자 사이에 강한 인력을 형성하게 되고, 특히 이러한 분자 사이의 힘을 '수소 결합'[21]이라고 합니다. 결국 물 분

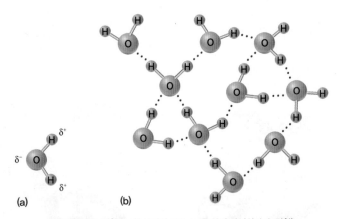

물 분자와 수소 결합 (a. 물 분자의 구조, b. 물 분자 사이의 수소 결합)

---

20 전기 음성도가 큰 원소에는 플루오린(F), 산소(O), 질소(N)가 포함된다.
21 수소 결합이란 분자 사이에 나타나는 힘의 종류 중 하나로 물질을 구성하는 원자와 원자 사이에 형성된 '결합'이라는 용어를 사용할 만큼 분자 사이에 비교적 강한 힘이 작용한다는 것을 의미한다.

자가 가지는 여러 가지 특성은 이러한 수소 결합에 의해 생성된 것이라고 할 수 있죠.

물의 수소 결합은 생명 현상과 지구 환경을 현재와 같이 유지해주는 매우 중요한 분자 사이의 힘인데요. 가벼운 분자인 물이 상온에서 액체 상태를 유지할 수 있는 이유는 물 분자가 이웃한 물 분자와 수소 결합을 통해 상호작용하며 서로 강하게 당기고 있기 때문입니다. 물 분자 사이의 수소 결합이 없다면 아마도 지구상의 모든 물은 수증기로 증발해 남아 있지 않을 거예요. 또한 물은 상온에서 액체 상태로 존재할 수 있을 뿐만 아니라, 비슷한 질량을 가진 다른 화합물에 비해 '끓는점'과 '녹는점', '비열'[22], '융해열'과 '기화열'이 매우 큰데요. 그 이유는 바로 수소 결합 때문이랍니다.

화합물	분자식	분자량	녹는점(℃)	끓는점(℃)	융해열 (kJ/mol)	기화열 (kJ/mol)
메테인	CH_4	16	−183	−161	0.94	8.2
암모니아	NH_3	17	−77.7	−33	5.7	23.4
물	H_2O	18	0	100	6.0	40.7

수소 화합물의 물리적 특성 비교

물 분자는 강한 수소 결합에 의해 서로 붙들려 있으므로 끓이기 위해서는 굉장한 에너지가 필요합니다. 물을 끓인다는 것은 열을 가해 분자 사이의 인력인 수소 결합을 끊어야 한다는 의미거든요. 물의 비열이 큰 이유라 할 수 있죠. 상태 변화에서도 마찬가지입니다. 액체 상태인 물 분자를 떼어놓아 온전한 자유 상태인 기체로 만들기 위해서는

---

22 어떤 물질 1g을 1℃ 올리는데 필요한 열량을 말한다.

수소 결합이 없는 물질보다 훨씬 많은 에너지가 필요합니다. 그래서 물의 기화열이 다른 화합물에 비해 크게 나타나는 것이죠. 물의 끓는점이 높은 이유도 같은 맥락에서 이해하면 됩니다.

물의 이러한 특성은 우리 주변에서 다양하게 활용되고 있습니다. 먼저 가정에서 사용하는 보일러가 있는데요. 보일러는 물을 데워 뜨거운 상태로 방바닥 밑에 깔려 있는 파이프 속으로 흘려보내 난방을 합니다. 이때 물은 비열이 커서 온도 변화가 쉽게 일어나지 않기 때문에 많은 열량을 보일러에서 공급 받아 방바닥으로 전달해줄 수 있답니다. 난방용 외에 냉방용으로 대형 냉장고나 에어컨을 식히는 데 물이 사용되는 이유도 이와 같은 원리지요. 한편, 사우나 탕 안의 온도계가 50℃가 넘어도 그 안에 들어간 사람이 화상을 입지 않는 이유는 무엇일까요? 다양한 이유가 있겠지만 우리 몸의 70% 이상이 물로 이루어져 있는 덕분에 가능한 일이랍니다. 땀을 흘려 증발시킴으로써 몸의 온도를 정상적으로 유지할 수 있는 것이죠. 물의 비열이 크기 때문에 나타나

우리 몸의 70% 이상을 이루고 있는 물(왼쪽),
지구 표면의 70%를 덮고 있는 물(오른쪽)

는 현상은 생명체뿐만 아니라 지구 전체의 온도를 일정하게 유지시켜 주는 역할도 합니다. 비열이 크다는 것은 그만큼 온도 변화가 쉽게 일 어나지 않는 것을 의미하니까요.

즉, 물은 태양열의 많은 부분을 수증기 상태로 저장하여 지구의 온도를 일정하게 유지시켜주는데요. 이렇게 지구 표면의 대부분이 물로 덮여 있기 때문에 지구는 항상성[23]을 유지할 수 있답니다. 뿐만 아니라 사람의 몸속 혈액이 대부분 물로 이루어져 있는 덕분에 우리는 외부의 온도 변화를 극복하고 체온을 일정하게 유지하면서 살아갈 수 있습니다.

내겐 너무 가벼운 얼음

물의 또 다른 특성을 알아볼까요? 추운 겨울, 한파가 들이닥친다는 일기 예보와 함께 보일러 관이나 계량기 동파 주의보를 들어본 적이 있을 텐데요. 동파 사고는 어떻게 일어나는 걸까요? 대부분의 물질은 온도가 내려가 액체에서 고체로 상태가 변하면 그 부피가 줄어들게 됩니다. 따라서 밀도가 증가하여 같은 물질로 된 고체와 액체를 섞으면 고체가 액체 속으로 가라앉게 되지요. 154쪽의 그림을 보세요. 빙초산은 식초의 주성분입니다. 그림과 같이 액체 빙초산에 고체 빙초산을 넣으면 바로 가라앉는 것을 관찰할 수 있지요. 반면 물에 넣은 얼음은 가

---

23 생체가 항상 외적 혹은 내적인 변동을 받고 있음에도 불구하고 생리적·형태적인 내부 환경을 안정하게 유지하는 것을 말한다.

고체 빙초산   얼음   액체 빙초산에 가라앉은   물에 떠 있는 얼음
고체 빙초산

빙초산과 물의 밀도 비교

라앉지 않고 둥둥 뜨는데요. 그 이유는 무엇일까요?

이 역시 물이 가진 수소 결합 때문에 나타나는 현상입니다. 유동적인 상태였던 물이 움직이지 못하는 단단한 고체 상태인 얼음이 되면, 고정된 상태로 머물러야 하므로 좀 더 편안한 위치나 방향을 원하게 됩니다. 마치 여러분이 '얼음땡' 놀이에서 버티기 편한 자세를 취한 후 '얼음'을 외치는 것처럼 말이죠. 따라서 물이 얼음이 되면 한 분자를 중심으로 부분 (-)전하인 산소와 부분 (+)전하인 수소는 이웃한 다른 물 분자의 반대 전하를 띠는 입자를 주변에 두고자 할 것입니다. 왜냐하면 같은 전하를 띠는 입자가 주변에 있으면 반발력(斥撥力)이 작용해 서로를 밀어내지만 반대 전하를 띠는 입자가 주변에 있다면 인력(引力)이 작용해 서로를 끌어당기는 힘이 발생하여 더할 나위 없이 편안한 상태가 될 테니까요.

위 상태를 만족하는 물 분자의 구조를 살펴보면 하나의 물 분자가 주변의 다른 물 분자 4개와 수소 결합을 형성하는 꼴입니다. 따라서 물 분자들은 정사면체의 규칙적인 배향(配向)을 이루게 되고, 고체 상태에서 특유한 결정 구조를 만들기 때문에 공간이 생기게 됩니다. 공

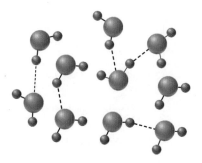

액체 상태에서 물 분자 간의 수소 결합

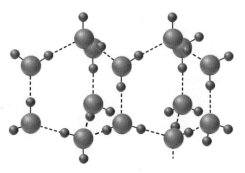

고체 상태에서 물 분자 간의 수소 결합

간이 생긴다는 것의 의미는 무엇일까요? 맞습니다. 물이 얼음이 되면서 부피가 증가하는 것을 뜻합니다. 따라서 얼음의 밀도는 상대적으로 물보다 작아지게 됩니다.

이러한 현상은 수중 생물의 겨울나기에 매우 중요합니다. 다른 물질처럼 물도 고체가 될 때 밀도가 증가하게 된다면 호수에 사는 물고기는 겨울을 나는 동안 살아남지 못할 것입니다. 물이 얼면서 바닥으로 가라앉아 호수 바닥부

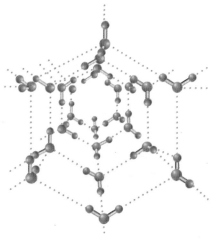

물 분자 사이의 수소 결합

터 먼저 얼게 될 테니까요. 그러나 다행히도 밀도가 작은 얼음 층이 밀도가 큰 물 층 위에 뜨므로 춥고 긴 겨울 동안 물의 열 손실을 막아준답니다. 뿐만 아니라 얼음 층 아래쪽 물은 얼지 않고 액체로 남아 있어 수중 생태계가 보존될 수 있고요. 그렇다면 추운 겨울철에 호숫가나 연못의 물이 표면부터 얼기 시작하는 이유는 무엇일까요? 그 이유는

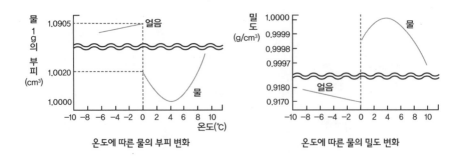

온도에 따른 물의 부피 변화   온도에 따른 물의 밀도 변화

온도에 따른 얼음과 물의 밀도 변화로부터 알 수 있습니다.

  겨울철에는 날씨가 점점 추워지면서 기온이 뚝 떨어지고 물의 온도 역시 점점 내려갑니다. 물의 밀도는 온도가 4℃가 되었을 때 가장 큰데요. 외부의 추운 날씨 때문에 호수 표면의 온도는 계속 내려갑니다. 그러

겨울철 호수의 수온 분포

다 4℃가 되면 호수 표면의 물은 밀도가 커져 가라앉게 되지요. 시간이 흘러 물의 온도가 2℃가 되었습니다. 이때 2℃의 물은 4℃의 물보다 밀도가 작기 때문에 표면에 떠 있게 되지요. 이렇게 기온이 계속 내려가 물 표면의 온도가 뚝 떨어져 얼음으로 변하게 되고, 얼음의 밀도는 물보다 작기 때문에 얼음 층은 항상 물표면 위에 존재하게 되는 것이랍니다.

표면장력으로 헤쳐모여!

물의 수소 결합으로 인해 나타나는 현상들, 정말 오묘하지 않나요? 여기서 끝이 아닙니다. 풀잎이나 꽃잎, 연못 위의 연잎에 맺혀 있는 물방울을 자세히 보세요. 모두 동그란 모양이죠? 물방울의 모양이 동그란 이유는 무엇일까요?

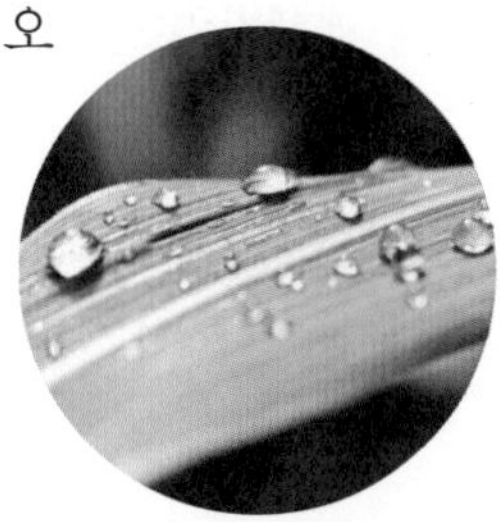

풀잎에 맺힌 물방울

액체 분자는 이웃한 분자들의 영향을 받으면서 움직입니다. 물의 경우 분자 사이에 수소 결합이 작용하므로 서로가 서로에게 매우 큰 영향을 미친다고 볼 수 있지요. 이때 물 내부에 존재하는 분자(a)는 그 분자와 상호작용하는 다른 분자들에 둘러싸이게 됩니다(158쪽의 그림). 그런데 표면에 존재하는 물 분자(b)는 옆과 아래쪽으로만 분자들의 인력을 받게 되므로 그림과 같은 상호작용(화살표)을 하게 되지요.

즉, 물 표면에 있는 분자(b)는 물 안쪽에 있는 분자들에 의해서만 영향을 받게 되므로 내부에 있는 물 분자(a)보다 상대적으로 불안정한 상

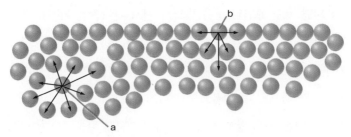

물의 내부에 있는 분자와 표면에 있는 분자

태가 됩니다. 외부의 적과 싸우며 사방의 튼튼한 지원군의 도움을 받지 못하는 것과 마찬가지죠. 이런 이유로 물 분자들은 표면적이 클수록(넓게 퍼질수록) 불안정하기 때문에 표면적을 줄이려는 경향을 보입니다. 이때 액체가 표면을 작게 하려는 성질을 '표면장력'이라 하는데요. 물은

일정량의 액체가 가장 적은 표면적을 가졌을 때의 형태는 구형입니다. 물방울의 모양이 동그란 이유가 여기에 있지요.

말 그대로 표면장력이 큰 액체입니다. 그렇기 때문에 물 분자들은 분자 사이에 작용하는 힘에 따라 서로 응축하게 되고, 그 결과 표면적이 가장 적은 형태인 원모양이 되는 것이죠.*

물방울이 구형을 이루는 모습

플라스틱판에 물을 한 방울 떨어뜨려보세요. 물방울처럼 구형을 이루지요? 마찬가지로 물 분자 사이에 존재하는 수소 결합으로 인해 표면장력이 강하게 나타나 서로가 서로를 세게 끌어당기면서 동그란 모양이 만들어지는 것입니다.

나뭇가지에 매달린 이슬방울의 모양이 마치 물이 가득 차 있는 풍선처럼 생긴 것도 물의 표면장력이 크기 때문에 나타나는 현상입니다. 또 탄산음료의 기포가 둥근 이유도 표면장력 때문이죠. 기포는 주로

음료에 첨가된 이산화 탄소 때문에 생기는데요. 기포의 모양은 주변 액체에 의해 형성됩니다. 에너지 관점에서 물 분자는 다른 물 분자와 상호작용하는 것을 좋아하지만 기체인 이산화 탄소와는 상호작용을 하려고 하지 않아요. 액체인 물과 기체인 이산화 탄소의 화학적 구조와 성질은 '극성'과 '무극성'으로서 서로 좋아하지 않는 관계이기 때문입니다. 따라서 물이 이산화 탄소 기체와의 상호작용을 최소화하기 위해서는 최소의 표면적을 가진 동그란 모양을 이루어야 합니다. 왜냐고요? 기체 방울의 모양을 구형으로 만들면, 그 주위를 둘러싼 물 분자가 기체 분자와 상호작용해야 하는 표면적이 최소화되거든요. 즉, 기포의 모양이 둥근 이유도 탄산음료의 주된 성분인 물의 표면장력 때문이랍니다.

그럼 지금부터 표면장력과 관련된 실험을 해보도록 하죠.

Chemical lab
물의 표면장력 실험

▶▶ 실험 과정

물속으로
가라 앉은 침핀

A: 실험 준비1
B: 휴지 조각을 물속으로 가라앉힌 후
C: 에탄올 한 방울을 떨어뜨린 후
D: 실험 준비2
E: 에탄올 한 방울을 떨어뜨린 후
F: 실험 준비3
G: 에탄올 한 방울을 떨어뜨린 후

1. 비커에 물을 넣은 다음 물 위에 휴지 조각을 펼쳐놓고 그 위에 침핀을 조심스럽게 올려
   놓는다.(A)

2. 유리 막대를 이용하여 휴지 조각을 가만히 물속으로 가라앉히고 침핀이 어떻게 되는지
   관찰한다.*(B)

3. 비커에 에탄올 한 방울을 떨어뜨렸을 때 침핀이 어떻게 움직이는지 관찰한다.(C)

4. 수조에 물을 $\frac{2}{3}$ 정도 넣은 다음 스타이로폼 조각을 한쪽 끝에 띄운다.(D)

5. 스타이로폼 조각 뒤쪽에 에탄올 한 방울을 떨어뜨렸을 때 스타이로폼이 어떻게 움직이는
   지 관찰한다.(E)

6. 페트리 접시에 물을 $\frac{2}{3}$ 정도 넣은 다음 베이비파우더를 물 표면에 골고루 뿌려준다(F)

7. 에탄올 한 방울을 물의 가운데에 떨어뜨렸을 때 어떤 변화가 나타나는지 관찰한다.(G)

* 이때 휴지 조각을 이용하지 않고 침핀을 물 위에 올려두면 그대로 가라앉게 됩니다.

수소 결합과 표면장력의 마술쇼

실험 결과를 정리해볼까요? 먼저 휴지 조각이 가라앉은 비커 속 물 표면에 침핀이 둥둥 떠 있는 것을 관찰할 수 있습니다. 분명 철로 된 침핀의 밀도가 물보다 큰데도 불구하고 떠 있는 모습!(B) 확인하셨나요? 그런데 여기에 에탄올 한 방울을 떨어뜨리는 순간, 침핀은 물속으로 쏙 빠져버립니다(C). 왜 그럴까요? 표면장력이 큰 물 덕분에 철로 된 침핀도 물 위에 뜰 수 있었지만, 에탄올을 떨어뜨리는 순간 수소 결합의 위대함은 사라지고, 물 분자들이 맞잡았던 손을 그만 놓고 말았거든요. 즉 에탄올을 떨어뜨린 부분의 수소 결합이 끊겨 침핀이 물속으로 가라앉은 것입니다.

한편 수조에 넣었던 스타이로폼 조각은 에탄올 한 방울에 의해 마치 고무동력이라도 매달은 보트마냥 앞으로 쭉 나아가게 됩니다(E). 이 역시 물 표면에 작용했던 서로가 서로를 잡아당기는 힘이 에탄올에 의해 끊어지면서 서로 맞잡고 있던 손 중 한쪽을 놓아버린 결과와 같게 되어, 상대적으로 아직 손을 잡고 있는 쪽으로 힘이 쏠리면서 스타이로폼 조각이 앞으로 나아간 것입니다. 팽팽했던 줄다리기에서 한쪽의 손을 놓아버리면 반대쪽으로 쏠리는 것과 같은 이치로요.

물 표면에 뿌린 베이비파우더 가루는 어떻게 되었나요? 여기도 마찬가지로 에탄올 한 방울을 떨어뜨리자 가루가 에탄올을 떨어뜨린 반대

서로 잡아당기는 힘이 끊어지면서 한쪽으로 힘이 쏠리는 모습

방향으로 쏠리게 됩니다(G). 이 역시 줄다리기의 원리처럼 반대 방향의
힘에 의해 베이비파우더 가루가 움직인 것으로 볼 수 있지요.

자, 다음 그림과 같이 물이 가득 들어 있는 유리컵에 동전을 하나씩
넣어볼까요? 물이 넘칠 것 같다고요? 그런데 신기하게도 물은 넘치지
않고 표면의 가운데 부분만 점점 볼록하게 부풀어 오릅니다. 수소 결합

넘치지 않는 물

으로 인해 물의 표면장력이 크기 때문에 가능한 현상이지요.

소금쟁이는 '물위를 걷는 자'라는 뜻의 '워터 스트라이더(water strider)'라는 이름을 가지고 있는데요. 어떻게 물 위에 떠서 미끄러지듯 걸어 다닐 수 있는 걸까요? 첫 번째 이유는 소금쟁이의 몸이 약 40mg 정도로 매우 가볍고, 다리에 잔털이 많이 나 있기 때문입니다.

소금쟁이의 잔털은 기름기를 지니고 있는데요. 잔털 사이에 공기가 들어 있어 쉽게 물 위를 떠다닐 수 있는 것이죠. 소금쟁이가 떠 있는 곳에 비눗물을 조금 떨어뜨리면 다리의 잔털에 묻어 있는 기름기가 분해되어 소금쟁이는 물에 가라앉고 맙니다. 두 번째로 다른 곤충들은 다리의 끝마디 앞부분에 발톱을 가지고 있지만 소금쟁이는 발톱이 없고 다리의 끝이 뭉툭합니다. 발가락의 날카로운 끝 부분으로 걷는 것이 아니기 때문에 단위 면적당 충분한 힘을 갖지 않는 것이죠. 그래서 물 표면을 가르는 일이 없기 때문에 물에 더 잘 뜰 수 있고, 잔털이 많이 달린 뭉툭한 다리를 노처럼 이용해 잘 걸어 다닐 수 있는 것입니다. 그러나 무엇보다도 더

소금쟁이

중요한 이유가 있습니다. 바로 소금쟁이의 무게를 지탱할 만큼 물의 표면장력이 크다는 사실이죠.

한편, 식물은 뿌리를 통해 높은 곳의 잎사귀까지 물을 전달할 수 있습니다. 그 이유는 셀룰로스(cellulose)로 이루어진 식물의 물관이 물과 수소 결합을 이루어 모세관 현상을 이용해 수십 미터에 달하는 나무 꼭대기까지 물을 공급할 수 있기 때문입니다. 액체의 분자 간 인력에 의해 나타나는 모세관 현상을 좀 더 자세히 알아볼게요. 166쪽의 그림과 같이 액체를 모세관에 넣으면 모세관 내의 액면이 외부의 액면보다 높아지는 현상을 관찰할 수 있습니다. 이것은 모세관과 물 사이의 '부착력'이 작용하기 때문이며, 동시에 물 분자의 경우 수소 결합에 의해 분자 사이의 힘이 크므로 '응집력'이 작용하여 물이 높은 곳까지 올

식물 꼭대기의 잎사귀까지 올라가는 물

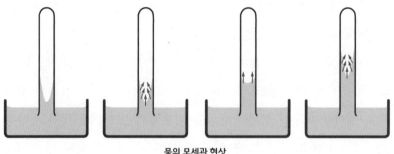

물의 모세관 현상

라가게 되는 것입니다. 다른 어떤 액체보다 분자 사이의 인력이 막강한 수소 결합이 있으니 식물의 뿌리에서 흡수된 물이 물관을 따라 잎까지 올라갈 수 있는 것이죠.

이번 시간에는 우리의 삶 속에서 가장 중요한 물질 중 하나인 물의 특성에 대해 알아보았습니다. 화학의 세계는 저~ 멀리 동떨어진 학문이 아님을 다시 한 번 확인했던 시간이었습니다.

S. 카니차로 (1826~1910)

카니차로는 이탈리아의 유기화학자로 유기합성에 유용한 카니차로 반응의 발견자이며 아보가드로의 가설에 실증적인 근거를 부여했습니다. 특히 화학사상 최대의 난제였던 원자량 문제를 해결했는데요. 그의 연구 결과로 말미암아 수소 등 기체 원소는 아보가드로의 제2의 가설 그대로 이원자분자가 됨을 증명할 수 있었습니다.

Stanislao Cannizzaro

장 바티스트 페렝 (1870~1942)

페렝은 콜로이드 용액의 연구로 분자가 실제로 있다는 것을 증명하고 물 분자의 측정에 성공했습니다. 그는 액체 중에 떠다니는 미세 입자의 브라운 운동을 연구하여 물질의 원자적 특성을 확증함으로써 아인슈타인의 이론을 실험적으로 증명했으며, 또 다른 방법으로 아보가드로수를 결정할 수 있게 했지요. 그는 1962년 노벨 물리학상을 받았습니다.

Jean Baptiste Perrin

금속이
금속과
반응할 수
있을까?

9장

미션! 은수저의 녹을 제거하라

주방 서랍 속 오래된 은수저. 반짝반짝 빛나던 은빛은 온데간데없고 이제 온몸에 검은 녹만 남아 찬란했던 과거를 회상하며 눈물짓고 있습니다. 검게 변한 은수저를 다시 광택이 나도록 깨끗하게 닦으려면 어떻게 해야 할까요? 어머니께 여쭤보니 "치약으로 닦아내면 검게 변한 은수저가 새것처럼 될 거야"라고 말씀하시네요. 욕실에 들어가 얼른 마른 휴지에 치약을 묻혀 빡빡 닦아냈더니, 이럴 수가! 은수저가 다시 과거의 뽀얀 피부를 되찾았습니다. 은수저의 검은 녹은 어떤 원리로 없어진 걸까요? 바로 치약 속 '탄산 칼슘($CaCO_3$)' 성분이 사포와 같은 연마제가 되어 은수저의 녹, 즉 검은색 '황화 은(Ag_2S)'을 긁어낸 것이랍니다. 아니! 그럼 비싼 은수저의 은 성분까지 싹 벗겨 가루로 날려버린 셈 아니냐고요? 맞습니다. 그렇다면 검은 녹을 없애면서 비싼 은 조각은 버리지 않는 방법은 없을까요?

마술과 같은 화학적 원리를 이용하면 은수저의 은 성분은 보존하면서 검은 녹을 깨끗하게 제거할 수 있습니다. 금속과 금속이 반응하는 원리만 알면 충분하지요. 그럼 지금부터 어떻게 녹을 제거하는지 살펴볼게요.

우리 주변에는 '황(S)'을 포함하는 물질, 또는 음식물이 많이 존재합니다. 반짝반짝 빛나는 은수저를 이용하여 달걀이 든 음식을 먹으면 달걀 속 황 성분이 은과 반응하여 검은색의 황화 은, 즉 은수저의 녹과 같은 성분을 만들지요. 황화 은은 은수저의 표면에 단단하게 결합해 쉽게 닦이지 않습니다. 이때는 당황하지 말고 먼저 검게 녹슨 은수저를 물로 깨끗하게 닦아주세요. 그 다음 냄비 바닥에 알루미늄 포일을 깔고 그 위에 녹슨 은수저를 올려놓습니다. 그리고 냄비에 물과 약간의 제빵 소다(탄산수소 나트륨(NaHCO₃))를 넣고 물이 거의 끓을 정도로 가열한 다음 은수저를 꺼내 흐르는 물에 씻어주세요. 놀랍게도 다시금 반짝반짝 빛나는 은수저의 모습을 되찾을 수 있답니다.

이때 일어나는 화학적 변화를 살펴봅시다. 먼저 '금속 알루미늄'은 황화 은과 반응하면서 전자를 잃게 됩니다. 전자가 황화 은 쪽으로 이동하게 되거든요. 좀 더 정확하게 표현하자면 황화 은에 포함된 은 이온(Ag^+)으로 이동하는 것입니다. 따라서 은 이온은 알루미늄이 내놓은 전자를 받아 금속 상태의 은으로 석출(析出)[24]되고, 이를 화학 반응식으로 정리하면 다음과 같습니다.

$$2Al(s) \rightarrow 2Al^{3+}(aq) + 6e^-$$
$$\underline{3Ag_2S(s) + 6e^- \rightarrow 6Ag(s) + 3S^{2-}(aq)}$$
$$2Al(s) + 3AgS(s) \rightarrow 2Al^{3+}(aq) + 3S^{2-}(aq) + 6Ag(s)$$

이때 알루미늄과 같이 전자를 잃는 반응을 '산화 반응'이라 하고, 은 이온과 같이 전자를 얻는 반응을 '환원 반응'이라고 합니다. 즉 두 금속 사이에서 산화·환원 반응이 일어나게 된 것이죠. 여기서 한 가지 궁금증이 생기는데요. 모든 금속과 금속 이온은 반응할까요? 지금부터 금속의 산화·환원 반응에 대한 이야기를 좀 더 해보도록 하겠습니다.

---

24 화합물을 분석하여 어떤 물질을 분리해내는 일을 말한다. 액체 속에서 고체가 생기는 현상, 높은 온도의 용액을 냉각하여 용질 성분이 결정이 되어 나오는 경우, 전기 분해로 금속이 전극에 부착되는 경우 따위를 이른다.

금속의 산화·환원 반응

여러분 집안의 가계 구도를 살펴보세요. 할아버지와 할머니, 그리고 아버지와 어머니, 그 다음으로 형(오빠) 또는 누나(언니), 그리고 여러분 자신이 있죠. 굳이 가계 서열을 따져보면 '할아버지-할머니-아버지-어머니-형-나' 순일 텐데요. 집안에 따라 그 순서가 조금 달라질 수 있지만 어쨌든 저녁 식사를 한다 치면 할아버지가 먼저 한 수저 뜨신 다음 서열 순(?)으로 식사를 시작합니다. 또 아버지가 할아버지께 함부로 대들거나 서열의 위치를 바꾸자며 덤비지 않는 것이 일반적인 가족의 모습인데요. 이러한 모습은 굳이 알려주지 않아도 동방예의지국(東方禮儀之國)에서 태어난 우리에게는 지키는 게 당연한 예의입니다. 화학에서도 마찬가지입니다. 금속도 저마다 우열의 순서가 있는데요. 대부분의 금속은 원자가(原子價) 전자가 1~2개이기 때문에 그 전자를 잃고 옥텟 규칙을 만족하려는 경향을 보인다는 것을 우리는 앞장에서 배웠습니다. 따라서 금속에서 서열이 높다는 것, 즉 금속의 반응성이 크다는 것은 전자를 잃고 양이온이 되려는 경향이 크다는 것을 의미합니다. 따라서 금속의 서열, 즉 금속의 이온화 경향을 따져보면 다음과 같은데요.

$$K \rangle Ca \rangle Na \rangle Mg \rangle Al \rangle Zn \rangle Fe \rangle Ni \rangle Sn \rangle Pb \rangle (H)$$
$$\rangle Cu \rangle Hg \rangle Ag \rangle Pt \rangle Au$$

반응성이 큰 금속일수록 먼저 양이온이 되려는 경향이 나타나는 것으로 해석할 수 있습니다. 그럼 앞에서 살펴본 검게 녹슨 은수저가 알루미늄 포일과 반응하여 다시 반짝반짝 빛나게 된 원리를 따져볼까요? 먼저 검게 녹슨 은수저의 성분은 황화 은(Ag_2S)이라고 했죠? 이 안에서 은(Ag)은 금속 조각의 형태가 아닌 '이온의 형태(Ag^+)'로 존재하고, 함께 반응시킨 알루미늄(Al) 포일은 '금속 조각의 형태'입니다.

금속의 서열을 살펴보면 알루미늄(Al)이 은(Ag)보다 이온화 경향이 큽니다. 금속은 이온화 경향이 클수록, 즉 서열이 높을수록 양이온이 되고자 하는 경향이 크다고 했죠? 그러나 현재 이들의 상황은 어떤가요? 서열이 낮은 은이 이온 상태(Ag^+)로, 서열이 높은 알루미늄이 금속 상태(Al)로 존재하고 있네요. 그러다 보니 알루미늄은 말 그대로 '노할 노(怒)!' 분노하게 됩니다. 따라서 알루미늄(Al)은 전자를 잃고 양이온이 되고자, 양이온 형태로 존재했던 은 이온(Ag^+)에게 자신이 내놓은 전자를 가져가라고 명령을 내립니다. 그래서 '알루미늄(Al)은 이온 상태(Al^{3+})로, 은 이온(Ag^+)은 금속 은(Ag)으로 석출'되는 산화·환원 반응이 일어나게 되지요.

자, 그럼 실험을 통해 금속의 서열에 따라 어떻게 반응이 진행되는지 살펴보도록 하겠습니다.

Chemical Lab
금속의반응성실험

▶▶실험 과정

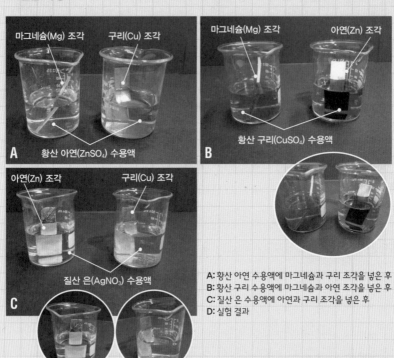

A: 마그네슘(Mg) 조각   구리(Cu) 조각
황산 아연(ZnSO₄) 수용액

B: 마그네슘(Mg) 조각   아연(Zn) 조각
황산 구리(CuSO₄) 수용액

C: 아연(Zn) 조각   구리(Cu) 조각
질산 은(AgNO₃) 수용액

A: 황산 아연 수용액에 마그네슘과 구리 조각을 넣은 후
B: 황산 구리 수용액에 마그네슘과 아연 조각을 넣은 후
C: 질산 은 수용액에 아연과 구리 조각을 넣은 후
D: 실험 결과

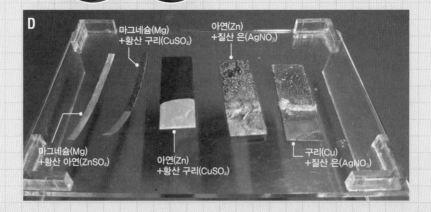

D:
마그네슘(Mg)
+황산 구리(CuSO₄)

아연(Zn)
+질산 은(AgNO₃)

마그네슘(Mg)
+황산 아연(ZnSO₄)

아연(Zn)
+황산 구리(CuSO₄)

구리(Cu)
+질산 은(AgNO₃)

1. 50mL 비커 2개에 각각 황산 아연(ZnSO₄) 수용액을 20mL씩 넣는다.*(A)

2. 황산 아연(ZnSO₄) 수용액이 담긴 비커에 마그네슘(Mg) 조각을 넣고 이때 일어나는 변화를 관찰한다.(A)

3. 황산 아연(ZnSO₄) 수용액이 담긴 비커에 구리(Cu) 조각을 넣고 이때 일어나는 변화를 관찰한다.(A)

4. 50mL 비커 2개에 황산 구리(CuSO₄) 수용액을 20mL씩 넣는다.(B)

5. 황산 구리(CuSO₄) 수용액이 담긴 한 비커에 마그네슘(Mg) 조각을 넣고 이때 일어나는 변화를 관찰한다.(B)

6. 황산 구리(CuSO₄) 수용액이 담긴 한 비커에 아연(Zn) 조각을 넣고 이때 일어나는 변화를 관찰한다.(B)

7. 50mL 비커 2개에 각각 질산 은(AgNO₃) 수용액을 20mL씩 넣는다.(C)

8. 질산 은(AgNO₃) 수용액이 담긴 비커에 아연(Zn) 조각을 넣고 변화를 관찰한다.(C)

9. 질산 은(AgNO₃) 수용액이 담긴 비커에 구리(Cu) 조각을 넣고 변화를 관찰한다.(C)

*실험에서 사용하는 수용액은 10% 농도로 제조해서 사용하면 됩니다. 10% 농도란 용질 10g에 용매(물) 90g으로 만든 용액인 거 아시죠? 또한 금속을 공기 중에 오래 둔 상태라면 수용액에 넣기 전 금속 표면을 사포로 문지른 다음 사용해야 해요!

금속의 반응성이
금속의 사용 시기에 미친 영향

자, 실험을 통해 금속의 위계에 따라 어떻게 반응이 일어나는지 관찰
해보았는데요. 각 수용액에서 일어나는 화학 변화를 정리해보면 다음
과 같습니다. 먼저 황산 아연($ZnSO_4$) 수용액에 마그네슘(Mg) 조각과
구리 조각(Cu)을 각각 넣었을 때, 마그네슘 조각에서는 아연 금속이
석출되는 반면, 구리 조각에서는 아무런 반응이 일어나지 않았습니다.

이들의 위계는 '마그네슘(Mg) 〉 아연(Zn) 〉 구리(Cu)' 순인데요. 먼
저 황산 아연 속 아연은 이온 상태(Zn^{2+})로 존재하기에 아연보다 서열
이 높은 마그네슘이 오면 망설임 없이 마그네슘에게 이온의 자리를 넘
겨주게 됩니다. 따라서 마그네슘은 이온 상태(Mg^{2+})가 되면서 전자를
잃고, 그 전자를 아연 이온에게 줌으로써 금속(Zn)으로 석출되는 것이
죠. 반면 구리는 그보다 서열이 높은 아연에게 감히 이온으로 변하겠
다는 도전장을 내밀지 못합니다. 그래서 아무 반응이 일어나지 않는
것이죠.

한편 황산 구리($CuSO_4$) 수용액에 마그네슘 조각과 아연(Zn) 조각을
각각 넣었을 때에는 어떻게 변했나요? 두 수용액에서 모두 구리 금속
이 석출되었지요? 이때에도 마찬가지로 황산 구리 속에서 구리는 이온
상태(Cu^{2+})로 존재하기에 구리보다 서열이 높은 마그네슘이나 아연이

오면 망설임 없이 그들에게 이온의 자리를 넘겨주게 됩니다. 따라서 마그네슘과 아연은 이온 상태(Mg^{2+}, Zn^{2+})가 되면서 각각 전자를 잃게 되고, 그 전자를 각각의 구리 이온(Cu^{2+})에게 줌으로써 구리(Cu) 금속이 석출되는 것이죠.

마지막 실험은 어땠나요? 질산 은($AgNO_3$) 수용액에 아연 조각과 구리 조각을 각각 넣었을 때에도 두 수용액에서 모두 은(Ag)이 석출되었는데요. 이때에도 마찬가지로 질산 은 속에서 은은 이온 상태(Ag^+)로 존재하기에 은보다 서열이 높은 아연이나 구리가 오면 그들에게 이온의 자리를 넘겨주게 됩니다. 따라서 아연과 구리는 각각 이온 상태(Zn^{2+}, Cu^{2+})가 되고, 은 이온은 전자를 얻어 금속(Ag)으로 석출되는 것이죠. 이렇게 금속은 서열이 높을수록 양이온이 되려는 경향이 강하기 때문에 금속염[25] 수용액에 금속을 넣어 반응시킬 경우 반응이 일어날지의 여부는 '어느 금속이 이온으로 존재하는지'가 결정짓게 됩니다.

금속의 서열은 인류가 왜 일찍이 알루미늄 시대가 아닌 청동기 시대를 거쳐 철기 시대로 넘어갔는지를 설명해줍니다. 금속이 지표를 구성하는 비율을 살펴보면 알루미늄이 8.1%, 철이 5.0%, 구리가 0.005%를 이루고 있는데요. 이에 반해 인류는 청동기 시대부터 구리를 사용하였고, 철을 사용한 철기 시대를 거쳐 1825년에야 알루미늄을 발견하기에 이릅니다. 그마저 본격적으로 이용되기 시작한 것은 20세기에 들어서였죠. 산소와 규소 다음으로 지구상에 많은 원소가 알루미늄인데 어째서 이리도 사용이 늦었던 것일까요?

---

25 금속 양이온과 비금속 음이온이 결합한 화합물

금속의 서열, 즉 금속의 반응성은 '알루미늄(Al) 〉 철(Fe) 〉 구리(Cu)' 순입니다. 즉 구리의 경우 반응성이 작아 자연 상태에서 순수한 구리로 존재하거나 구리 광석에서 구리 금속으로 추출하는 방법이 비교적 쉬웠기 때문에 기술이 없던 옛날부터 즐겨 사용할 수 있었던 것이죠. 반면 철은 구리에 비해 반응성이 커서 대부분 산화물의 형태인 철광석(적철석 또는 자철석)으로 존재했고, 여기에 포함된 산소를 제거하는 방법도 구리만큼 쉽지 않았기 때문에 그만큼 사용이 늦어진 것입니다. 그렇다면 지각 속 매장량이 가장 많았던 알루미늄의 사용 시기가 가장 늦었던 이유도 대략 감이 잡히죠?

알루미늄은 세 금속 중 반응성이 가장 큰데요. 의미 그대로 반응성이 크기 때문에 양이온이 되려는 경향이 커, 거의 대부분 산화물의 형태로 존재합니다. 게다가 이 산화물에서 순수한 금속을 얻어내는 과정 자체가 힘들기 때문에 사용 시기가 늦어진 것이죠. 알루미늄은 대부분 보크사이트(bauxite)라는 광물로 존재하는데요. 이 광물에서 산소를 떼어내는 작업, 즉 금속 양이온의 형태가 아닌 금속의 형태로 환원시키는 작업은 구리 광석이나 철광석으로부터 각 금속을 얻어내는 과정과는 조금 달랐습니다. 환원제를 함께 넣어 고온으로 가열하는 것으로는 알루미늄 금속을 얻을 수 없었지요. 산화물인 보크사이트로부터 알루미늄을 대량으로 얻기 위해서는 우선 전기 에너지를 주어 액체 상태로 만든 후 전기 분해의 원리를 적용해야 합니다. 즉 많은 양의 전기가 필요한 작업이기에 20세기에 들어서나 사용 가능하게 된 것이죠.

이쯤에서 금속이 사용되어온 역사를 한번 살펴볼까요? 인류는 신석기 시대부터 금이나 은을 사용하기 시작했습니다. 이 금속들은 연하고 가공하기 쉬워 주로 장식품으로 사용됐죠. 금에 대해서는 이미 구약 성서의 창세기에도 기재되어 있고, 이집트의 왕릉에서는 화려한 금 장식품들이 출토된 바 있습니다. 우리나라의 경우 고구려 시대에 나들이 옷을 금이나 은으로 장식했고, 사람이 죽으면 금은보화를 함께 묻어주기도 했지요. 한편 구리는 천연 금속으로도 산출되고 제련법도 비교적 간단하여 먼저 이용되기 시작했답니다. 사람들은 구리가 금속이라는 사실을 깨닫지 못했고, 그저 특수한 돌이라고 여기며 사용했습니다. 그러다가 구리 광석으로부터 금속을 추출하는 법을 우연히 발견하게 되면서 구리 시대의 문이 활짝 열렸는데요. 순수한 구리에 주석을 함께 넣어 만든 합금인 청동은 구리보다 녹는점이 낮아 다양한 물건을 만들기 쉽고, 강도는 구리보다 높았기에 그야말로 청동기 시대 인류 문명의 발달에 크나큰 도움이 되었답니다. 한편 우리 조상들은 일찍이 돌(구리 광석)을 녹여 구리로 만드는 기술을 알아 고조선 시대에 청동기 문화를 이룰 수 있었죠. 또한 신라의 뛰어난 제련 기술은 구리와 아연의 합금인 황동을 재료로 한 봉덕사 종을 탄생시켰고, 고려 시대의 상정고금예문의 경우 구리 합금으로 주조한 활자를 이용해 만든 세계 최초의 인쇄 기술로서 이는 독일의 구텐베르크가 만든 활자보다 200년을 앞선 기술이랍니다.

이제 철을 사용하기 시작한 시점으로 가볼까요? 철이 금, 은, 구리보다 사용 시기

봉덕사 종(선덕대왕신종)

고조선 시대
철제 유물

가 늦어진 이유는 순수한 금속으로 존재하지 않았기 때문입니다. 기원전 2900년경 지어진 피라미드 석조 토대 속에서 철이 발견되었고, 기원전 8~9세기 무렵 아테네 근방의 무덤에서 철로 된 무기가 발견된 사례가 있지요. 우리나라의 고조선 시대(약 2600년 전) 유적지에서도 여러 철제품들이 출토되었는데요. 이렇게 발견된 시기가 일렀음에도 불구하고, 당시에는 철을 제련하는 기술이 구리보다 더 어려웠기 때문에 널리 사용되지 못했습니다. 결국 처음 발견된 후로부터 약 1000~1500년이 지난 뒤에나 철의 제련이 가능해졌답니다.

그렇다면 지각 속 매장량이 가장 많은 알루미늄은 언제부터 사용되었을까요? 인류는 저도 모르는 사이 토기, 각종 도구들, 건축용 석재, 벽돌 등에 포함된 알루미늄을 사용해왔습니다. 뿐만 아니라 청옥, 백옥, 홍옥과 같은 보석에는 산화 알루미늄이 사용되기도 했고요. 그러나 이렇게 일찍부터 사용되었음에도 불구하고 알루미늄이 순수한 금속 상태로 사용된 것은 19세기에 들어서면서랍니다. 이 당시 데이비 (Humphry Davy, 1778~1829)는 볼타 전지에 의해 전기의 화학적 작용을 연구했고, 1807년 전해를 통해 처음으로 알칼리 금속(칼륨, 나트륨) 및 알칼리 토금속(칼슘, 스트론튬, 바륨, 마그네슘)을 분리하여 전기 화학의 이론을 세웠는데요. 그 역시 산화 알루미늄의 전기 분해를 시도했지만, 강력한 전원이 없었기에 성공하지는 못했습니다.

이후 축전지가 만들어지고 나서야 순수한 알루미늄을 분리하는 것이 가능해졌지요. 다만 이 과정에서도 매우 강력한 전기 에너지를 필요로 했기 때문에 알루미늄의 생산량은 극히 적었고, 가격은 대단히 비쌌습니다. 1886년에 이르러 미국의 화학자이자 금속 공학자인 찰스 마틴 홀(Charles Martin Hall, 1863~1914)에 의해 알루미늄의 전해 야금법[26]이 발명되었고, 이에 따라 알루미늄 대량 생산의 문을 열수 있게 되었지요. 알루미늄이 지금까지 널리 사용되는 유용한 금속으로 자리 잡게 된 데까지는 이렇게 긴 시간이 필요했답니다.

자, 지금까지 금속이 사용된 시기가 금속의 서열, 즉 반응성에 따라 달라지는 것을 살펴보았습니다. 금속의 반응성 원리를 잘 이용하면 생활 속 크고 작은 일을 지혜롭게 처리할 수 있는데요. 앞에서 살펴본 철은 다른 금속에 비해 경제적이고 강도가 높다는 장점이 있어 건축물이나 교량 등 다양한 곳에 사용되고 있습니다. 그러나 철 구조물은 공기 중에 노출되어 부식이 일어나면 큰 사고로 이어져 인명 피해나 경제적 손실을 끼칠 수도 있는데요. 철의 부식! 무엇 때문에 발생하며, 어떻게 방지할 수 있는지 알아보도록 하겠습니다. 먼저 철의 부식에 영향을 주는 요인이 무엇인지 알아보기 위한 실험을 해보도록 하죠.

---

26 수용액이나 용융액의 전기 분해법으로 금속을 생산하는 야금. 황산 아연 용액을 전기 분해하여 아연을 얻는 것, 녹은 빙정석에 산화 알루미늄을 용해시켜 전기 분해하여 알루미늄을 얻는 것 따위를 말한다.

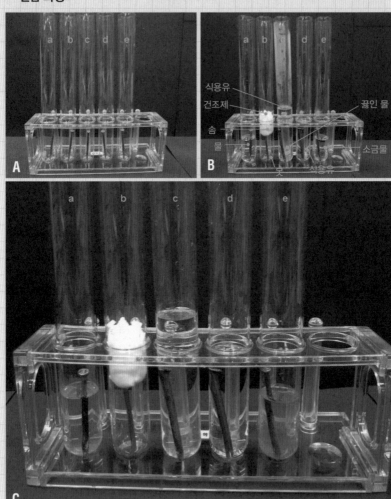

Chemical lab
철의 부식 실험

▶▶실험 과정

A: 각 시험관에 철못을 넣은 후
B: A에 실험 과정 2~7에 해당하는 실험 재료를 넣은 후
C: 실험 결과

182

1. 5개의 시험관에 각각 철못을 1개씩 넣는다.*(A)

2. 시험관 a에 철못이 $\frac{2}{3}$ 만큼 잠길 정도로 증류수를 넣는다.(B)

3. 시험관 b에는 철못 위에 솜을 올려둔 후 염화 칼슘(CaCl₂)을 솜 위에 뿌려준다.(B)

4. 알코올램프를 이용하여 증류수를 끓인다.**

5. 끓인 증류수를 시험관 c에 넣는다. 이때 증류수를 철 못이 모두 잠길 정도로 넣어주며, 그

   위에 1회용 스포이트를 이용하여 식용유 약 1mL를 넣어준다.(B)

6. 시험관 d에는 철못이 모두 잠길 정도로 식용유를 넣어준다.(B)

7. 시험관 e에는 철못이 절반만큼 잠길 정도로 소금물을 넣어준다.***(B)

8. 2~3일이 지난 후 철못이 녹슨 정도를 비교한다.(C)

* 실험을 하기 전, 철못에 녹슨 부분이 있다면 시험관에 넣기 전에 사포로 문질러줘야 해요.
** 물이 끓고 있나요? 증류수가 끓기 시작하면 약 3분간 계속 끓여줘야 합니다. 그래야 물속에 남아 있는 산소
   가 모두 날아가거든요!
*** 소금물은 물 100mL에 소금 3~4숟가락 정도를 넣어서 만들면 됩니다.

철의 부식을 막는 방법

각 시험관의 결과를 비교해봅시다. 시험관 a의 철못은 시험관 b, c의 철 못에 비해 녹이 많이 생겼는데요. 그 이유는 시험관 a의 경우 물과 산 소가 모두 철의 부식에 영향을 주었기 때문입니다. 한편 공기 중에만 두었던 시험관 b의 철못은 산소의 영향만 받았고, 끓인 물 위에 식용유 로 덮었던 시험관 c의 못은 물의 영향을 받았기 때문에 시험관 a의 철 못에 비해 녹이 덜 생긴 것을 관찰할 수 있습니다. 자, 그럼 마지막 시 험관 e의 철못은 어땠나요?

다섯 개의 시험관 속 철못 중 녹이 가장 많이 생겼죠? 그 이유는 소 금물이 전해질 역할을 하면서 녹아 있던 이온이 전자의 이동을 빠르 게 할 수 있게 도와주었기 때문입니다. 따라서 부식이 빠르게 진행되어 녹이 많이 생긴 것이죠. 물, 산소, 전해질이 없는 시험관 d의 철못에서 는 부식이 생기지 않는 것과 대조적인 결과입니다.

지금까지 실험으로 관찰한 바에 따르면 철의 부식, 즉 녹은 공기 중 의 산소와 물의 영향으로 생성됨을 알 수 있습니다. 그렇다면 철의 부 식은 어떻게 막을 수 있을까요? 우선 철의 부식에 영향을 주는 요인을 발생시키지 않으면 될 텐데요. 철 표면에 페인트칠이나 기름칠을 하면 공기 중의 산소나 물이 철 표면에 닿지 않습니다(a). 금속으로 철을 하 는 경우도 있는데요(도금). 주석으로 철 표면을 칠하는 양철과, 아연으로 철 표면을 칠하는 함석 등이 있지요. 양철은 통조림 통의 재료로 널리 사용되며(b), 함석은 지붕이나 난방 배관과 같은 건축 재료로 많이 사용됩니다(c). 한편 앞에서 배운 것과 같이 금속의 반응성 원리를 이용하여 철의 부식을 막기도 하는데요. 희생 금속 또는 음극화 보호의 원리가 이에 해당합니다. 다음 그림(d)처럼 철의 산화를 방지하기 위해 철보다 반응성이 큰 아연이나 마그네슘 조각을 선체에 붙여 부식을 막는 방법이죠. 아연이나 마그네슘 조각은 철보다 반응성이 커서 먼저 전자를 잃고 산화되거든요. 자연히 철은 산화될 필요가 없게 되고요. 그

a: 철 표면에 페인트칠을 하는 모습
b: 통조림

c: 함석 지붕
d: 선박에 부착한 마그네슘 조각

러다 보니 선체에 붙인 각 금속 조각은 크기가 점점 줄어들기 때문에 주기적으로 교체를 해주어야 합니다.

우리는 지금까지 금속의 반응성에 대해 알아보았는데요. 금속이 전자를 잃고 양이온이 되고자 하는 경향을 잘 이해하고 실생활에 적용하면 많은 도움이 될 것입니다.

험프리 데이비(1778~1829)

데이비는 16세에 아버지를 잃고, 생계를 위해 약제사의 조수가 되었다가 화학에 흥미를 갖게 되었습니다. 그는 전기 분해를 이용해 처음으로 알칼리 및 알칼리 토금속의 분리에 성공했는데요. 산업혁명이 진행됨에 따라 광산의 재해가 증가하면서, 탄광재해 예방협회의 의뢰로 탄광의 가스 폭발사고를 예방하기 위해 안전등을 발명하기도 했답니다.

Humphry Davy

찰스마틴 홀(1863~1914)

찰스 마틴 홀은 1886년 알루미늄의 전해 야금법을 발명한 미국의 화학자이자 금속공학자입니다. 1889년 피츠버그 리덕선회사가 이 방법을 이용해 알루미늄의 공업적 제조를 개시하였으며 찰스 마틴 홀은 이듬해 부사장이 되지요. 이후 이 회사는 아메리카 알루미늄회사로 성장하여 알루미늄 공업이 급속도로 발전하는데 기여했습니다.

Charles Martin Hall

물질의
세 가지
상태와
상태 변화

10장

상태 변화의 모든 것, 상평형 그림

어느 날, 퇴근하신 아버지의 손에 들려 있던 아이스크림 봉지! 반가운 마음에 봉지를 열어보면 큰 통에 가득 담긴 아이스크림 옆으로 작은 팩에 담긴 하얀색 고체가 눈에 띕니다. 연기가 폴폴 나는 이 고체의 정체는 드라이아이스! 아이스크림을 맛있게 먹고 난 후 드라이아이스가 담겨 있던 팩이 궁금해 다시 살펴보니 팩 안에는 아무런 흔적도 남아 있지 않네요. 딱딱한 고체였던 드라이아이스는 어디로 사라진 걸까요? 아이스크림을 먹는 동안 팩 안에서 어떤 현상이 벌어졌는지 궁금해진 우리는 비슷하게 생긴 흰색 고체인 얼음을 냉동실에서 꺼내 컵에 담아 둡니다. 시간이 흐르자 얼음은 점점 작아지면서 모두 물이 되고 말았는데요. 이 물도 그냥 방치해두면 한참 지나 모두 증발하게 됩니다. 그런데 이상하죠? 어째서 드라이아이스는 얼음처럼 액체 상태로 녹지 않고 순식간에 모두 사라져버린 걸까요?

드라이아이스(왼쪽)와 얼음(오른쪽)

| 기체 | 액체 | 고체 |

물질의 3가지 상태

이번 시간에는 물질의 상태와 각 물질이 상태 변화를 이루는 조건에 대해 알아보도록 하겠습니다. 아시다시피 물질은 기체, 액체, 고체의 3가지 상태로 존재하는데요. 일반적으로 기체는 끊임없이 무질서하게 움직이는 수많은 분자로 이루어져 있습니다. 기체는 자유롭게 운동하면서 용기의 벽면에 충돌하며 압력을 나타내는데, 기체의 압력은 분자수가 많을수록, 용기의 부피가 작을수록, 온도가 높을수록 크게 나타납니다.

한편 액체는 기체보다 분자 사이의 인력이 크기 때문에 기체와는 달리 일정한 부피를 가지고 있습니다. 또 기체처럼 움직임이 활발하지는 않지만 어느 정도 자유롭게 운동하며, 유동성을 지녔지요. 게다가 온도와 압력의 변화에 따라 부피가 거의 변하지 않으며, 기체에 비해 분자 사이의 거리가 가까워 부피가 작고 밀도가 크답니다.

그렇다면 고체는 어떨까요? 일반적으로 고정된 위치에서 진동 운동만 하는 고체는 입자 사이의 인력이 매우 커서 유동성이 없고, 일정한 모양과 부피를 가집니다. 또 고체를 이루는 입자들 사이의 거리가 매우 가깝고 빈 공간이 거의 없기 때문에 밀도가 크며 압축되지 않는 성질을 띠지요.

물질은 저마다 주어진 온도와 압력에 따라 상태가 변하는데요. 각

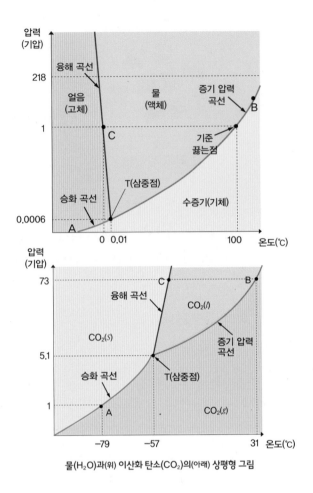

물(H₂O)과(위) 이산화 탄소(CO₂)의(아래) 상평형 그림

물질이 어떤 경향성을 띠는지 알아보려면 '상평형 그림'을 살펴보면 됩니다. 먼저 고체인 얼음과 기체인 수증기의 경계에서는 승화 현상이 일어나는데요. 이를 그래프 상에서 '승화 곡선(AT)'으로 나타냅니다. 액체인 물과 수증기의 경계에서는 기화와 액화 과정이 일어나는데 이는 '기화 곡선(또는 증기압력 곡선, BT)'으로 표현합니다. 얼음과 물의 경계에서는 융해와 응고 과정이 일어나죠? 이는 '융해 곡선(CT)'으로 나타냅

니다. 이때 세 가지 상태가 모두 만나는 지점이 있는데요. 이 점을 '삼중점(T)'이라고 합니다. 이러한 경계와 상태는 물만의 특성이 아니며, 대부분의 물질에서 나타나지요. 이산화 탄소의 경우도 마찬가지로 고체, 액체, 기체의 세 가지 상태가 존재하므로 물과 비슷한 모양의 상평형 그림을 그릴 수 있습니다.

여기서 두 그래프의 공통적인 특징이 나타납니다. 먼저 머릿속으로 각각의 상평형 그림에서 삼중점 위로 가로축과 평행한 선을 하나 그려 보세요. 일정한 압력에서 온도가 가장 높은 상태가 기체, 가운데 영역이 액체, 온도가 가장 낮은 상태가 고체인 것을 알 수 있는데요. 이때 온도와 압력을 다르게 하면 물질의 세 가지 상태 변화가 가능하다는 것 역시 이들의 공통점입니다. 예를 들어 물은 1기압의 조건일 때 영하 20℃에서는 얼음이지만, 80℃에서는 물이 되고, 120℃에서는 수증기로 존재한다는 의미죠. 마찬가지로 이산화 탄소의 경우에도 5.1기압 이상에서는 온도에 따라 세 가지 상태를 관찰할 수 있습니다.

한편, 두 그래프의 차이점도 발견할 수 있는데요. 우선 융해 곡선의 기울기와 삼중점의 위치가 다르다는 점입니다. 융해 곡선의 기울기는

얼음   물   수증기

물질이 고체 상태와 액체 상태일 때 밀도 크기를 결정짓는 요인이 되기도 하는데요. 예를 들어 온도가 일정할 때 물을 얼음으로 변화시키기 위해서는 압력을 낮춰야 합니다. 이때 기체만큼은 아닐지라도 압력에 따른 부피 변화가 어느 정도 생기는데요. 압력을 낮추면 부피가 증가하잖아요? 따라서 얼음의 부피가 물의 부피보다 커지게 되므로 얼음의 밀도는 물의 밀도보다 작아지게 됩니다. 이는 앞서 배웠던 '얼음이 물 위에 뜨는 이유'이기도 합니다.

이산화 탄소의 경우에는 온도가 일정할 때 액체 상태를 고체 상태로 변화시키기 위해서는 압력을 높여야만 합니다. 이때 압력 증가에 따라 부피는 감소하게 되므로 고체 상태의 부피가 액체 상태의 부피보다 작아지게 되지요. 따라서 고체의 밀도가 액체의 밀도보다 커지기 때문에 이산화 탄소의 경우 고체는 액체에 가라앉게 됩니다.

한편 어떤 물질의 삼중점의 위치가 1기압보다 크냐 작냐는 우리가 살아가면서 그 물질의 세 가지 상태를 모두 관찰할 수 있느냐 없느냐의 문제로 연결된답니다. 즉 물은 삼중점의 위치가 1기압보다 작으므로 고체, 액체, 기체의 세 가지 상태를 모두 관찰할 수 있지만, 이산화 탄소는 삼중점의 압력이 1기압보다 훨씬 크므로 적어도 영하 57℃보다 높은 온도와 5.1기압보다 높은 압력을 주어야만 세 가지 상태를 모두 관찰할 수 있는 것이죠. 이제 아이스크림과 함께 들어 있던 드라이아이스의 액체 상태를 관찰할 수 없었던 이유를 알겠지요? 우리가 살아가고 있는 대기압이 1기압으로 이산화 탄소의 삼중점 압력보다 낮기 때문에 고체 상태였던 드라이아이스 조각이 모두 기체로 승화되어버린 것입니다.

여기서 잠깐 드라이아이스의 이름을 살펴볼까요?[27] 'Dry Ice(마른 얼음)'는 말 그대로 얼음처럼 액체 상태를 거치지 않고 주위의 에너지를 흡수해 기체 상태로 변하는 냉동제 역할을 합니다. 그렇다 보니 'Ice(젖은 얼음)'가 아닌 마른 상태의 얼음과 같다고 볼 수 있지요.

지금까지 살펴본 바에 따르면 물질은 온도와 압력에 따라 상태가 달라졌는데요. 지금부터 실험을 통해 물질의 상태 변화가 어떻게 일어나는지 살펴보도록 하겠습니다.

---

27 참고: 『진정일의 교실 밖 화학이야기』, 진정일, 양문, 208쪽

Chemical lab

온도와 압력에 따른 물질의 상태 변화 실험

▶▶실험 과정

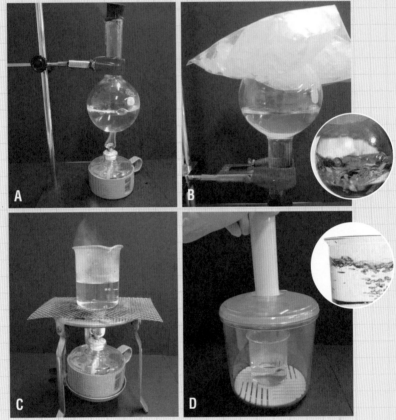

A: 둥근 바닥 플라스크에 담긴 물을 끓이는 모습
B: A를 얼음으로 문지른 후
C: 비커에 담긴 물을 끓이는 모습
D: 펌프를 이용해 용기 속 압력을 작게 한 후

1. 둥근 바닥 플라스크 속에 물을 절반 정도 넣은 후 고무마개를 살짝 막고 클램프와 스탠드를 이용하여 고정한다.*(A)

2. 물이 충분히 끓도록 가열한 다음 가열 장치의 불을 끈 뒤 물의 모습을 관찰한다.**(A)

3. 고무마개로 플라스크의 입구를 단단히 막고 조심스럽게 뒤집어 세운다.(B)

4. 미리 얼려둔 얼음을 비닐 팩에 담아 둥근 바닥 플라스크에 문질러주며 플라스크 내의 물을 관찰한다.(B)

5. 알코올램프를 이용하여 비커에 담긴 일정량의 물을 끓인 후 가열 장치를 끄고 진공 실험 장치에 넣는다.(C)

6. 펌프를 이용하여 용기 속 압력을 작게 했을 때, 비커 속 물이 어떻게 변화하는지 관찰한다.(D)

* 이번 실험에서는 가열 장치와 뜨거운 용기를 다루므로 반드시 면장갑을 착용해야 합니다!
** 가열 장치의 불을 끄면 더 이상 물이 끓지 않는데요, 그래도 용기는 매우 뜨거우므로 조심해서 다음 과정을 진행해야 합니다.

높은 산에서 지은 밥이
설익는 이유는?

자, 지금부터 실험 결과를 정리해봅시다. 먼저 알코올램프를 켜 온도가 올라가면 일정 시간이 지나 물이 끓는 것을 관찰할 수 있습니다. 일정한 압력에서 열원이 가해지면 물의 증기 압력[28]과 대기압이 같아져 그 온도에서 물이 끓게 되는 것이죠. 하지만 알코올램프를 소화(消火)시키면 더 이상 물이 끓지 않는데요. 이는 일정한 압력에서 열원이 더 가해지지 않아 물의 증기 압력이 대기압보다 작아지기 때문입니다.

한편 이번 실험을 통해 열원을 가하지 않아도 물이 끓는 것을 확인할 수 있었는데요. 신기하게도 얼음 팩과 진공 펌프 장치를 이용해 물을 다시 끓일 수 있었습니다. 알코올램프의 뜨거운 열도 없이 어떻게 이런 일이 가능했던 걸까요?

첫 번째 실험에서 알코올램프의 불을 끈 후의 플라스크 속 물의 온도는 끓는점보다 더 낮습니다. 더 이상 열원이 가해지지 않으므로 처음 끓었을 때보다 온도가 떨어진 것이죠. 따라서 물의 증기 압력 역시 낮아진 상태였을 텐데요. 이때 플라스크의 바깥 면을 찬 얼음으로 문

---

28 일정한 온도에서 밀폐된 용기에 액체를 넣어두었을 때 액체의 증발 속도와 응축 속도가 같아져 겉으로 보기에는 더 이상 증발이 일어나지 않는 것처럼 보이는 동적 평형 상태에서 증기가 나타내는 압력을 의미한다.

지르면 플라스크 속 수증기가 응축되어 내부 압력이 작아지게 됩니다. 이렇게 작아진 플라스크 속 압력과 물의 증기 압력이 같아지는 순간, 다시 물이 끓을 수 있는 상태가 되는 거지요.

두 번째 실험의 경우 얼음 대신 진공 펌프를 이용했는데요. 첫 번째 실험에서 얼음이 담긴 비닐 팩을 올려 플라스크 속 압력을 작아지게 한 것과 마찬가지로 여기서도 진공 실험 장치에 의해 용기 내 압력이 작아지게 됩니다. 그러면서 장치 속 압력과 비커 속 물의 증기 압력이 같아져 물이 다시 끓게 된 것이고요.

즉 액체 상태인 물을 기체 상태로 변화시키는 데에는 두 가지 방법이 있다는 것을 알 수 있는데요. 이 현상을 물의 상평형 그림으로 다시 정리해보겠습니다.

먼저 일정한 압력에서는 가열 장치를 이용해 온도를 높인 다음 물의 증기 압력과 외부 압력인 대기압을 같게(빨간색 화살표) 하여 물을 끓일 수 있습니다. 한편, 더 이상 열원이 가해지지 않는 경우에도 물을 끓일 수 있었던 이유는 얼음 팩이나 진공 장치를 이용해 외부 압력

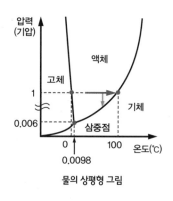

물의 상평형 그림

을 낮춰 액체의 증기 압력과 같아지도록(초록색 화살표) 했기 때문입니다. 즉, 일정한 압력일 때 물을 기화시키기 위해서는 온도를 높여야 한다는 뜻(빨간색 화살표)이고, 일정한 온도일 때 물을 기화시키기 위해서는 압력을 낮춰야 한다는 말(초록색 화살표)입니다.

상평형은 우리의 일상생활과도 접목시킬 수 있는데요. 높은 산에 올

라가 지은 밥이 설익는 이유에 대해 생각해봅시다. 고지대의 경우 대기압이 평지보다 낮아 100℃가 되지 않는 낮은 온도에서 증기 압력과 대기압이 같아지며, 그 순간 물이 끓게 됩니다. 즉 100℃보다 낮은 온도에서 끓는 물로 밥을 지어야 하기 때문에 설익을 수밖에 없는 것이죠. 한편, 압력 밥솥을 사용해 지은 밥은 맛있게 잘 익는데요. 압력 밥솥의 경우 1기압보다 높은 압력을 유지하도록 설계되어 있습니다. 따라서 외부 압력과 물의 증기 압력이 같아지려면 100℃보다 온도가 높아야만 하지요. 즉, 100℃보다 높은 온도에서 밥이 지어지므로 빠르게 잘 익는 것입니다.

몇 가지 예를 더 들어볼까요? 추운 겨울철 바람이 잘 통하는 마당에 빨래를 걸어놓으면 언 빨래가 잘 마르는데요. 그 이유는 겨울철 건조한 날씨에는 대기압 중 수증기압이 0.06기압보다 낮아지기 때문에 0℃ 이하에서 수증기압의 조건이 맞아 떨어져 얼음이 수증기로 승화되기 때문입니다. 마트에 갔을 때 '동결 건조 식품'이란 표기를 본 적이 있나요? 이것도 같은 원리인데요. 음식물, 과일, 야채 등을 냉동한 다음 진공실에 넣고 내부 압력이 매우 낮은 상태로 유지시키면서 수증기를 지속적으로 빼내어 건조시키면 영양이 파괴되지 않는 건조식품을 만들 수 있습니다.

휴대용 가스레인지의 연료인 부탄가스에서도 상평형의 원리가 나타납니다. 밀폐된 용기에 들어 있는 노말 뷰테인($n-C_4H_{10}$)은 우리가 일명 '부탄가스'라고 부르는 연료의 주성분인데요. 이 물질의 끓는점은 영하 0.5℃로서 상온에서는 기체 상태로 존재하는 물질입니다. 따라서 우리가 사용하는 부탄가스는 노말 뷰테인을 매우 높은 압력으로 액화시킨 후 밀폐된 용기에 넣은 것인데요. 휴대용 가스레인지로 부탄가스를 점화시키는 순간! 이 액체는 용기 밖으로 나오면서 낮아진 압력으로 인해 기체가 된답니다.

여러분은 추운 겨울날 얼음판 위에서 신나게 스케이트를 타본 적이 있나요? 영하의 날씨임에도 불구하고 스케이트의 날카로운 날 아래와 그 주변에는 얼음이 녹아 물이 생기는 것을 관찰할 수 있습니다. 스케이트 날이 닿은 얼음 표면은

스케이트 날과 얼음 표면

다른 부분보다 압력이 높아져 액체인 물로 상태가 변하게 되는데요. 이렇게 생성된 물은 윤활유가 되어 스케이트를 더 쌩쌩 잘 탈 수 있도록 도와준답니다.

자, 지금까지 물질의 상태 변화에 대해 이야기해보았는데요. 이야기를 마무리하기에 앞서 상평형 그림을 배운 여러분에게 아버지가 사 오신 아이스크림 봉지 속에 들어 있던 드라이아이스로 할 수 있는 재미난 실험을 알려드릴게요.

우선 물이 담긴 컵에 드라이아이스를 넣어 어떤 변화가 나타나는지 관찰합니다. 드라이아이스는 상온에서 승화되므로 물속에서 수많은 기포 방울을 만들면서 차츰 사라지는데요. 이때 컵 주변으로 자욱한 흰 연기가 생성된답니다.

이 연기는 드라이아이스의 기체 상태인 이산화 탄소일까요? 그렇지 않습니다. 이산화 탄소가 승화되면서 앗아간 열에 의해 온도가 내려가면서 주변의 수증기가 응결되어 생성된 연기입니다. 하

드라이아이스를 넣은 물 컵

늘에 떠 있는 구름이나 안개, 공기 중에 떠 있던 수증기가 냉각되어 물 방울이 되는 것과 같은 원리죠. 무대 위에서는 이런 원리를 이용해 환상적인 분위기를 연출하기도 합니다.

　드라이아이스를 넣은 컵 주변의 변화를 잘 관찰했나요? 그렇다면 이번에는 비눗물이 담긴 컵에 드라이아이스 조각 몇 개를 넣어보세요! 환상적인 비눗방울 쇼를 구경할 수 있답니다.

조지프 프리스틀리(1733~1804)

프리스틀리는 영국의 화학자이자 성직자, 신학자, 교육학자, 정치학자, 자연철학자입니다. 그는 산소 발견자로 가장 널리 알려져 있지만 스스로를 과학자라기 보단 성직자로 여겼지요. 프리스틀리는 모든 가연성 물질에는 플로지스톤이라는 입자가 있어 연소 과정에서 플로지스톤이 소모되고, 플로지스톤이 모두 소모되면 연소 과정이 끝난다는 옛 학설을 신봉했는데요. 플로지스톤설은 1783년 라부아지에에 의하여 존재하지 않음이 확인됩니다. 하지만 그는 여전히 플로지스톤설을 믿었지요.

Joseph Priestley

데모크리토스(BC 460~BC370 무렵)

데모크리토스는 고대 그리스의 철학자로 '고대 원자론'을 완성하였습니다. 그는 이 세계의 모든 것은 수많은 원자로 이루어져 있으며, 세계는 이 원자와 텅 빈 공간으로 이루어지고 있다고 생각했지요. 그는 "원자가 합쳐지기도 하고 떨어지기도 하면서 자연의 모든 변화가 일어난다"고 주장했답니다.

Demokritos

화학 반응이 일어날 때, 열에너지가 변화할까?

11장

손난로와 냉각 팩에
숨겨진 화학 반응!

긴 겨울이 가고 따뜻한 봄이 오면 길거리는 꽃보다 화려한 색깔의 봄 옷을 입은 사람들로 가득 찹니다. 겨우내 몸을 휘감았던 검정 스타킹과 두꺼운 재킷은 봄의 화사함에 어울리는 살색 스타킹과 살랑거리는 얇은 옷으로 변해 있죠. 이번에도 겨우내 뱃살에 지방을 가득 채운 채 봄을 맞이하게 된 A양! 여름이 되기 전, 반드시 다이어트에 성공하리라 마음먹으며 헬스장에 등록하고, 다이어트 음료와 다이어트 약품까지 구입해 각오를 다잡고 있는데요. 그녀는 과연 다이어트에 성공할 수 있을까요?

A양의 다이어트 성공 여부를 논하기 전에 A양이 선택한 다이어트 중 어떤 방법이 가장 효과가 큰지 알아보려면 화학적 변화가 일어날 때 동반되는 에너지 변화에 대해 알아야 합니다. 그럼 지금부터 화학 변화와 열의 출입에 대해 살펴볼까요?

화학 반응은 마술과 같다고들 하죠. 화학의 궁극적인 목적은 반응물을 반응시켜 원하는 생성물을 만들어내는 것이잖아요. 정해진 화학 반응식에 따라 전혀 다른 물질이 만들어진다는 것은 참 재미있는 현상입니다. 더욱 흥미로운 것은 화학 반응이 일어날 때 열을 발산하기도 하고, 흡수하기도 한다는 사실인데요. 실험 중 반응이 일어나는 비커를 만져보면 어떤 실험에서는 비커가 뜨거워지지만, 어떤 실험에서는 비커가 차가워지는 경험을 하게 됩니다.

화학 반응이 일어날 때, 열을 방출하는 경우를 '발열 반응'이라고 하고, 열을 흡수하는 경우를 '흡열 반응'이라고 하는데요. 발열 반응의 경우 그래프와 같이 반응물의 에너지가 생성물의 에너지보다 크기 때문에 반응이 일어나면서 열이 방출되는 것이랍니다. 바닷가 모래사장에서 캠프파이어를 해본 경험이 있나요? 이때 불타는 장작 주변의 공기가 뜨거워지는 이유는 장작이 연소되어 열을 발산하기 때문입니다. 즉 장작의 연소 과정이 발열 반응이라는 뜻이죠.

흡열 반응은 생성물의 에너지가 반응물의 에너지보다 커서 열을 흡수하게 되는 현상을 말합니다. 더운 여름날 마당에 물을 뿌리면 물이

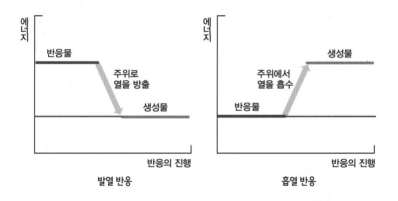

발열 반응   흡열 반응

증발하면서 기화열을 흡수해 시원해지는 것과 같은 원리죠.

일상생활에서 경험하는 발열 반응과 흡혈 반응의 사례를 더 찾아볼까요? 추운 겨울, 빙어 축제에 가면 사람들이 손에 무언가를 꼭 쥔 채 발을 동동거리며 물고기를 잡고 있는데요. 저마다 손에 쥐고 있는 물건의 정체는 무엇일까요? 바로 겨울철 필수용품인 휴대용 손

손난로

난로입니다. 손난로의 종류는 제작 방법에 따라 다양한데요. 일반적으로 많이 사용하는 유형에는 손난로 안에 들어 있는 단추를 꺾어서 사용하는 '똑딱이 손난로'와 손난로를 잡고 흔들면 열이 나는 '부직포 손난로'가 있습니다.

먼저 똑딱이 손난로는 높은 온도에서 아세트산 나트륨(CH_3COONa) 수용액을 과포화[29] 상태로 만든 후 이 안에 금속판을 함께 넣어 제작합니다. 과포화 상태인 아세트산 나트륨 수용액은 금속판에 가해지는 작은 충격에 의해 포화 상태로 바뀌면서 고체로 변하는데요. 이 과정에서 열이 방출되어 손난로의 역할을 하게 된답니다. 한편 부직포 손난로의 경우 손으로 잡고 흔들면 점점 뜨거워지는데요. 부직포 속에는 철가루와 소량의 물, 소금, 활성탄, 질석, 톱밥 등이 들어 있습니다. 부직포 손난로의 원리는 철이 녹스는 과정에서 찾아볼 수 있어요. 철은 녹슬면서 열을 방출하기 때문에 손난로에는 철 조각 대신 철가루를 넣어 더 빨리 녹슬게 하고, 전해질인 소금을 함께 넣어주는 것입니다. 이때 질석과 톱밥은 단열재 역할을 하게 됩니다. 자, 두 손난로 모두 발열 반응의 원리를 이용해 난로의 역할을 톡톡히 해내고 있지요?

그럼 이번에는 흡열 반응의 사례를 알아봅시다. 체육 대회를 앞두고 벌어지는 치열한 예선전! 너무 열심히 한 나머지 발목을 다쳐 부어오른 상처가 화끈거릴 때, 보건 선생님이 해주신 응급처치를 떠올려보세

냉각 팩

---

29 어떤 온도에서 용매에 녹일 수 있는 용질의 양보다 더 많은 용질이 녹아 있는 용액이다.

요. 진통제 또는 소독제로 약품 처리를 한 후 휴대용 냉각 팩을 얼른 꺼내 부어오른 상처에 얹어주지 않던가요? 이때 냉각 팩이 차가워지는 원리는 그 속에 들어 있는 두 주머니 속에 있는데요. 질산 암모늄이라는 고체 물질이 들어 있는 주머니와 물이 들어 있는 주머니 중 물이 들어 있는 주머니를 손으로 눌러주면 질산 암모늄과 물이 만나 녹으면서 주위의 열을 흡수한답니다. 따라서 우리는 상대적으로 차가움을 느끼게 되고요.

화학 반응에서 나타나는 열의 출입을 측정할 수 있을까?

학교 실험실에서 열의 출입을 손쉽게 측정할 수 있는 실험 장치로는 '간이 열량계'와 '통 열량계'가 있습니다. 물의 비열이 큰 성질을 이용해 발생한 열량을 측정할 수 있는 장치죠. 우선 실험의 원리를 살펴보도록 하겠습니다.

간이 열량계를 먼저 이용해볼게요. 간이 열량계를 사용할 때, 발생한 열량(Q)은 열량계 속 물이 모두 흡수한다고 가정합니다. 즉 발생한 열량과 물이 흡수한 열량이 같기에 아래와 같은 두 공식을 이용하면 물의 온도 변화를 통해 발생한 열량을 측정할 수 있습니다.

$$열량(Q) = 열용량(C) \times 온도\ 변화(\Delta t)$$
$$= 비열(c) \times 질량(m) \times 온도\ 변화(\Delta t)$$

따라서 간이 열량계로 측정한 열량(Q)은 물의 비열과 물의 질량, 물의 온도 변화의 곱으로 구할 수 있어요.

$$Q = c_물 \times m_물 \times \Delta t_물$$

한편 통 열량계를 이용하면 무엇이 달라질까요? 통 열량계는 간이 열량계에서 나타나는 오차, 즉 외부로 빠져나가는 열량을 조금이나마 더 줄이고자 고안된 장치입니다. 즉, 발생한 열량을 열량계 속의 물과 통 열량계가 모두 흡수한다고 가정한 것이죠. 따라서 발생한 열량(Q)은 물이 흡수한 열량과 통 열량계가 흡수한 열량을 합한 값에 해당하므로 다음과 같이 나타낼 수 있습니다.

$$Q = c_물 \times m_물 \times \Delta t_물 + c_{통\,열량계} \times m_{통\,열량계} \times \Delta t_{통\,열량계}$$

이때, 통 열량계 속 물의 온도와 열량계의 온도는 열적 평형이 이루어졌기 때문에 같다고 볼 수 있고, 통 열량계의 비열($c_{통\,열량계}$)과 질량($m_{통\,열량계}$)의 곱은 열량계의 열용량(C)과 같으므로 이 장치에 의해 측정된 반응열은 다음과 같은 식으로 정리할 수 있습니다.

$$Q = (c_물 \times m_물 + C_{통\,열량계}) \times \Delta t_물$$

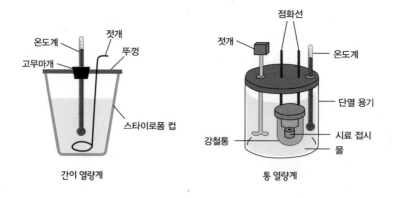

간이 열량계 / 통 열량계

이 장치의 원리를 이용하면 유난히 과자를 좋아하는 A양이 평소 얼마나 많은 열량을 섭취하고 있었는지 알 수 있는데요. 지금부터 우리가 관찰할 과자의 연소열 실험은 과자가 연소하면서 발생시키는 열량을 측정함으로써 과자 1g당 함유된 열량을 확인해보는 실험입니다. 자, 그럼 A양이 즐겨 먹는 과자들의 연소열 실험을 시작해볼까요?

Chemical lab
과자의연소열실험

▶▶실험 과정

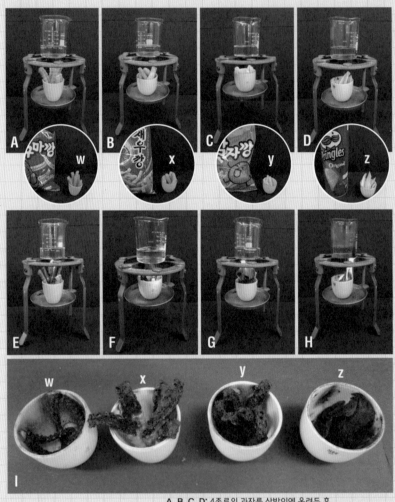

A, B, C, D: 4종류의 과자를 삼발이에 올려둔 후
E, F, G, H: 토치를 이용하여 각 과자에 불을 붙여 연소 시키는 모습
I: 타고 남은 과자의 질량 측정

1. 50mL 비커에 물 20mL를 넣고 삼발이 위에 올려둔 다음 물의 온도를 측정한다.*

2. 도가니에 4종류의 과자(w 스낵, x 스낵, y 스낵, z 스낵)를 준비하여 각각 5g 씩 넣은 후 비커가 올려 진 삼발이에 놓는다.(A, B, C, D)

3. 토치를 이용하여 각 과자에 불씨를 붙인 다음 과자를 모두 연소시킨다.**(E, F, G, H)

4. 각 과자가 모두 타고난 후의 물의 최고 온도를 측정한다.

5. 타고 난 후 남은 과자의 질량을 측정한다.***(I)

6. 물의 비열은 4.2J/g·℃이고, 밀도는 1.0g/mL임을 이용하여 비커 속 물이 얻은 열량을 계산한다.

7. 과자가 연소할 때 발생한 열은 모두 물에 흡수되어 물의 온도를 높이는 데 사용되었다고 가정하여 과자 1g이 연소되었을 때 발생한 열량을 계산한다.

* 이번 실험에서는 가열 장치와 도가니를 다루므로 반드시 면장갑을 착용해야 합니다!

** 과자가 더 이상 타지 않을 때까지 연소되도록 두면 됩니다.

*** 연소 과정에 참여한 과자의 질량을 측정하면 되므로 처음(과정 2)부터 도가니 속에 넣고 과자의 질량을 측정하면 편하겠죠? 5번 과정에서도 연소 후 충분히 식힌 다음 타고 남은 과자가 들어 있는 도가니의 질량을 측정하면 되니까요. 이때, 도가니가 뜨거우니 주의하여 조심스럽게 다루도록 합시다.

A양이 즐겨 먹던 과자의 칼로리는
얼마일까?

A양이 즐겨 먹던 과자가 각각 얼마나 많은 열량을 포함하고 있었는지 실험 결과를 통해 정리해보도록 할까요? 이번 실험에서는 간이 열량계의 원리를 적용했는데요. 즉, 과자가 내놓은 열량을 물이 모두 흡수했다고 가정하는 것입니다. 따라서 물의 처음 온도와 가열 과정에서 올라간 온도의 차이가 물의 온도 변화($\Delta t_물$) 값이 될 것이고, 물 20mL는 물의 밀도 값에 의해 20g이 되므로 물의 질량($m_물$)도 알 수 있습니다. 이를 주어진 공식에 대입하면 각 과자에 의해 물이 얻은 열량이 얼마인지 계산할 수 있는데요.

$$Q = c_물 \times m_물 \times \Delta t_물$$

이때 주의해야 할 사항이 있습니다. 과자에 따라 연소열이 다르게 나타나기 때문에 과자 1g당 발생하는 열량을 측정해야 한다는 것이죠. 마지막 연소가 끝난 후 남은 과자의 질량을 측정함으로써 과자 1g당의 연소열을 측정할 수 있습니다.

자, 그렇다면 실험 결과를 지켜본 A양의 반응을 살펴볼까요? A양은 기절하기 적전의 표정으로 멍하니 실험 결과를 응시합니다. 그동안 자신이 즐겨 먹었던 과자의 질량이 얼마였는지 생각해보면서 말이죠. 실제로 A양은 과자뿐만 아니라 더 많은 음식을 먹었을 텐데요. 우리가

	w 스낵	x 스낵	y 스낵	z 스낵
열량(J/g)	2520	5040	14700	23520
열량(kcal/g)	10.548	21.097	61.534	98.455

과자 1g당 연소열(J/g), 열량(kcal/g)*

평생 먹는 음식의 양은 평균적으로 물을 제외하고 약 27톤이라고 해요. 이삿짐을 나르는 데 많이 쓰이는 트럭이 보통 5톤 트럭이니, 아마도 평생 동안 포장이사 트럭 5대 이상의 음식을 먹는다고 생각하면 됩니다.

> 이 실험에서 제시된 열량은 실제 과자가 내놓은 연소열과는 다소 차이가 있습니다. 왜냐하면 외부로 빠져 나간 열, 비커가 흡수한 열, 그 밖에 손실되는 열이 많으므로 실제값과 차이가 나거든요. 따라서 우리가 먹고 있는 과자가 내놓는 상대적 열량만을 비교하면 됩니다.

음식으로 섭취되는 영양소의 주성분에는 단백질, 탄수화물, 그리고 지방이 있습니다. 이때 단백질과 탄수화물은 1g당 4kcal를 포함합니다. 지방은 1g당 9kcal를 포함하죠. 따라서 '치즈 햄버거를 먹고 콜라를 마신 순간!', '친구와 수다 떨며 피자 두 조각을 먹어치우고 음료수를 벌컥벌컥 마신 바로 그 순간!' 600kcal[30]가 우리 몸속으로 들어간 셈이 됩니다. 야간 자율학습을 마치고 학교 앞 분식집에서 먹은 김밥 한 줄과 떡볶이는 700kcal, 라면은 500kcal, 칼국수는 600kcal나 되지요. 또 주말에 친구와 영화를 본 다음 먹은 스파게티와 오믈렛은 각각 700kcal랍니다. 이때, 우리가 먹은 음식이 모두 몸의 지방으로 축적되냐고요? 다행히 그렇지는 않습니다. 일반 성인 남자의 경우 하루 평균 2500kcal, 여자의 경우 2000kcal를 소모하는데 그보다 많은 양을 먹었을 때, 남은 칼로리가 당연하다는 듯 살로 둔갑해버리

---

30 참고: 『몸을 살리는 다이어트 여행』, 이유명호, 이프, 120쪽

는 것이죠.

따라서 이번 실험을 통해 A양이 얻을 수 있는 교훈은 무엇일까요? '과자는 절대 먹지 않기' 또는 '다이어트를 위해 절대 먹지 않기'일까요? 그렇지 않습니다. 먹지 않고는 살 수 없잖아요. 또한 '먹는 즐거움', '함께 먹으면서 나누는 대화의 중요성', '눈으로 보는 환상의 요리' 같은 말처럼 우리 삶에 있어서 먹는 일이란 하나의 중요한 문화이기도 합니다. 그렇기 때문에 단순히 먹는 것만 제한하는 것은 옳지 않은 행동이에요. 그렇다면 우리는 오늘 한 실험을 통해 A양에게 어떤 조언을 해줄 수 있을까요?

다이어트(Diet)의 어원은 '살이 찌찌 않도록 먹는 것을 제한하는 일'이라고 합니다. 먹는 양도 조금은 줄여야 하지만, 다이어트에 있어 가장 효과적인 방법은 '열량을 많이 연소시키는 것'이죠. 즉, 시중에 나온 다이어트 제품을 복용하는 것보다 더 중요한 일은 '축적된 지방살'을 태우는 것입니다. 과자에 포함된 열량으로 물을 데울 수 있었던 것처럼 몸속에 누적된 지방을 연소시켜야 한다는 의미죠. 따라서 조금 먹고(열량을 조금 채우고), 운동(열량을 많이 태우는 활동)을 많이 하면 그 만큼 몸에 쌓여 있던 지방이 연소되고, 동시에 몸속 신진대사를 활성화시켜 살도 빠지면서 단단하고 아름다운 근육까지 만들어진답니다. 자, A양에게는 희망이 보입니다. 이번 실험을 통해 중요한 다이어트의 원리를 배웠잖아요. 여러분도 무턱대고 굶지 말고 식이 조절과 운동을 하면서 더욱 멋진 몸매를 드러낼 순간을 준비하세요!

Chemical Story 화학의 세계를 빛낸 과학자들

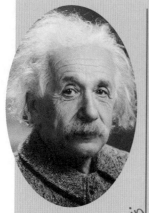

알버트 아인슈타인(1879~1955)

아인슈타인은 이론물리학자로 그가 1616년에 발표한 일반 상대성이론은 현대 물리학에 지대한 영향을 끼쳤습니다. 1905년에는 광양자설과 브라운운동의 이론, 특수상대성이론을 연구하여 발표하기도 했고, 1921년 광전효과에 기여한 공로로 노벨 물리학상을 수상했지요.

Albert Einstein

Evangelista Torricelli

에반젤리스타 토리첼리(1608~1647)

토리첼리는 이탈리아의 수학자이자 물리학자로 1641년부터 갈릴레오 갈릴레이의 제자가 되어, 갈릴레이가 죽을 때까지 연구를 함께했답니다. 1644년에 유속과 기압의 법칙을 적은 '토리첼리의 정의'를 발표하기도 했습니다. 수은을 이용하여 대기압을 연구한 것으로 유명하며, 수은기압계를 발명하기도 했지요. 토리첼리는 기하학자로서도 유명했는데요. '페르마의 마지막 정리'로 유명한 피에르 드 페르마(Pierre de Fermat)는 토리첼리에게 '삼각형의 세 꼭짓점으로부터의 거리의 합이 최소가 되는 점을 구하라'는 문제를 낸 적이 있습니다. 이 문제는 토리첼리의 문제로 불리고 있지요.

신맛과
쓴맛의 만남,
어떤 변화가
있을까?

12장

회에 레몬을 뿌리는 이유?
산과 염기의 특성

지루했던 시험 기간이 끝나고, 모처럼 가족들과 함께 찾아간 동해 바다! 시원하게 펼쳐진 바다 풍경도 멋지고 바람도 시원한데, 긴 시간을 달려와 허기진 탓일까요? 횟집 아주머니가 건네주는 회 한 접시가 더 반가운 건 어쩔 수 없나 봅니다. 급한 마음에 회 한 조각을 집어 얼른 입에 넣으려는 순간! 어머니가 회와 함께 나온 레몬을 뿌리기 전이라며 잠깐 기다리라고 하시는데요. 왜 회를 먹을 때면 항상 접시 한 켠에 레몬이 함께 나오는 걸까요? 그 이유는 레몬즙이 생선의 비린내 성분인 트라이메틸아민을 중화시키기 때문입니다. 비린내의 성분은 염기성 물질이고, 레몬즙은 산성 물질이어서 두 물질이 만나면 중화 반응이 일어나 회의 비린내 성분을 잡아주는 것이죠.

이번 장에서는 산과 염기의 성질과 두 물질이 만나면 어떤 변화가 나타나는지 살펴볼 텐데요. 우리가 일반적으로 알고 있는 신맛을 내는 산에는 무엇이 있는지 한번 떠올려보세요. 부엌의 식초, 냉장고 속 레몬, 오렌지, 탄산음료, 실험실의 염산, 황산 등이 생각나지요? 이들은 모두 수용액에서 수소 이온(H^+)을 내놓는 산에 해당합니다. 그렇다면 산은 어떤 성질을 가졌을까요? 산의 공통적인 성질은 수소 이온에 의해 나타납니다. 따라서 산은 신맛을 내고, 물에 녹아 이온화되므로 수용액에서 전류가 흐르는 전해질이 되지요. 또한 다른 물질과 반응을 일으키기도 하는데요. 수소보다 반응성이 큰 금속인 아연(Zn)이나 마그네슘(Mg) 조각 등을 넣어 반응시키면 수소 기체(H_2)가 발생하고, 탄산염

(CaCO$_3$)과 반응시키면 이산화 탄소 기체(CO$_2$)가 발생하는 것을 관찰할 수 있습니다. 이를 화학 반응식으로 나타내면 다음과 같습니다.

$$Zn + 2HCl \rightarrow ZnCl_2 + H_2$$
$$CaCO_3 + 2HCl \rightarrow CaCl_2 + H_2O + CO_2$$

재미있는 사실은 꼭 염산을 사용하지 않아도 이 현상이 발생 가능하다는 것인데요. 즉 수용액에서 수소 이온을 내놓는 물질이라면 금속[31]과 반응했을 때 수소 기체가, 탄산염과 반응했을 때 이산화 탄소 기체가 발생한다는 말입니다.

부엌에 있는 재료로도 쉽게 실험할 수 있는데요. 그림과 같이 식초가 담긴 유리컵에 달걀을 넣으면 이산화 탄소 기체가 발생하며 달걀 겉껍질이 모두 사라진 '초란'을 쉽게 만들 수 있어요. 달걀 껍질의 주성분은 탄산 칼슘(CaCO$_3$)이기 때문에 식초의 수온 이온(H$^+$)과 반응해 칼슘 이온(Ca^{2+})과 이산화 탄소 기체가 발생하게 되는 것이죠.

재미있는 이야기를 하나 더 해드릴게요.[32] 클레오파트라는 고대 로마의 실력자 안토니우스를 사모했고, 그의 마음을 사로잡기 위해 부단히 노력했지요. 그러던 어느 날

초란을 만드는 과정

---

31 모든 금속이 산과 반응하지는 않습니다. 수소보다 반응성이 큰 금속만 반응해서 수소 기체를 내놓게 됩니다.

32 참고: 『진정일의 교실 밖 화학이야기』, 진정일, 양문, 21쪽

그가 참석한 파티에 함께한 클레오파트라는 자신의 아름다움과 부유함을 안토니우스에게 과시하기 위해 식초가 담긴 술잔에 자신의 진주귀고리를 넣었습니다. 그리고 진주가 녹은 술잔을 단숨에 들이켰죠. 안토니우스에 대한 사랑의 표시로서 말입니다. 그런데 궁금하지 않나요? 술잔 속에 담겨진 비밀이 말입니다. 진주는 식초와 무슨 반응을 한 것일까요? 진주가 녹은 이유는 진주의 화학 성분 역시 달걀 껍질의 주성분인 탄산 칼슘($CaCO_3$)이기 때문입니다.

산의 공통적인 성질에 대해 좀 더 살펴볼게요. 산성을 띤 물질은 지시약에 의한 색깔 변화가 동일하게 나타납니다. 그림과 같이 염산(HCl)과 아세트산(CH_3COOH)에 각 지시약을 떨어뜨렸을 때 나타나는 색깔 변화를 관찰해보세요. 먼저 푸른색 리트머스 종이를 염산과

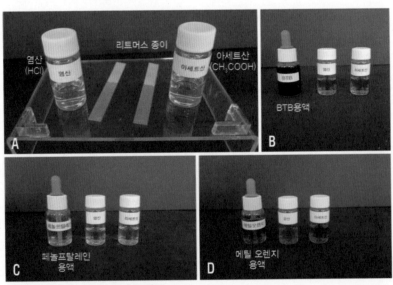

산성을 띤 물질의 지시약에 의한 색깔 변화

아세트산에 담그자 리트머스 종이의 색이 붉게 변했습니다.(A) BTB 용액을 떨어뜨렸을 때는 두 물질 모두 노란색으로,(B) 페놀프탈레인 용액에 의해서는 무색,(C) 메틸 오렌지 용액에 의해서는 붉은 색(D)으로 색깔이 바뀌는 것을 확인할 수 있지요. 모두 산이 갖고 있는 수소 이온(H^+) 때문에 나타나는 공통적인 성질이랍니다.

이제 여러분이 알고 있는 염기성 물질에는 무엇이 있는지 말해볼까요? 우리 주변에 잘 알려진 염기성 물질로는 속이 쓰릴 때 먹는 제산제, 화장실 세면대 위에 놓인 비누가 있습니다. 실험실에는 수산화 나트륨, 수산화 칼슘 등이 있고요. 이러한 염기성 물질은 어떤 공통적인 성질을 가졌을까요?

이들은 모두 수용액에서 수산화 이온(OH^-)을 내놓는 염기에 해당하는데요. 수산화 이온은 산의 수소 이온과 마찬가지로 염기의 공통적인 성질을 나타내주는 역할을 합니다. 따라서 염기는 쓴맛을 내며, 산과 같이 물에 녹아 이온화되어 수용액에서 전류가 흐르는 전해질이 되지요.*

염기는 단백질을 녹이는 성질이 있기 때문에 손에 닿으면 미끈거린답니다.

산의 경우 수소 이온을 포함하고 있기 때문에 지시약에 의한 색깔 변화가 모두 같았는데요. 마찬가지로 염기도 수산화 이온을 포함하고 있기 때문에 지시약에 대한 색깔 변화가 같습니다. 224쪽의 그림과 같이 수산화 나트륨($NaOH$) 수용액과 암모니아수(NH_4OH)에 각 지시약을 떨어뜨렸을 때 나타나는 색깔 변화를 관찰해보세요. 붉은색 리트머스 종이를 수산화 나트륨 수용액과 암모니아수에 담그자 색깔이 푸르게 변했죠? 두 용액의 색은 BTB 용액에 의해서는 푸른색으로, 페놀프탈레인 용액에 의해서는 붉은색, 메틸 오렌지 용액에 의해서는 노란

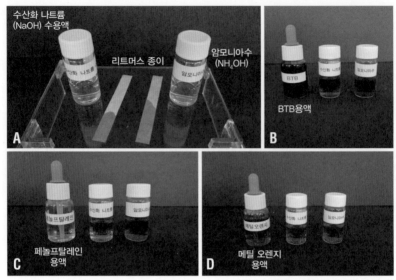

염기성을 띤 물질의 지시약에 의한 색깔변화

색으로 바뀌었습니다. 모두 염기가 갖고 있는 수산화 이온(OH^-) 때문에 나타나는 공통적인 성질이에요.

산과 염기의 1:1 미팅

자, 그렇다면 신맛을 내는 산과 쓴맛을 내는 염기를 반응시키면 어떤 변화가 나타날까요? 먼저 우리가 실험실에서 많이 접하는 산과 염기인 염산(HCl)과 수산화 나트륨($NaOH$) 수용액을 반응시켜볼 텐데요. 이들의 반응식을 살펴보면, 각 물질은 이온화되므로 수소 이온(H^+)과 수산화 이온(OH^-)이 만나 물이 형성되고, 산의 음이온이었던 염화 이온(Cl^-)과 염기의 양이온이었던 나트륨 이온(Na^+)은 염을 형성하게 됩니

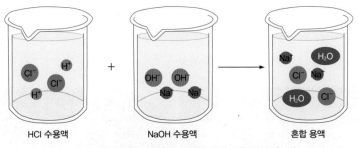

HCl 수용액   +   NaOH 수용액   혼합 용액

묽은 염산(HCl)과 수산화 나트륨(NaOH) 수용액의 반응 모형

다. 정리해보면 산과 염기가 반응하면 물과 염이 생성되면서 중화열이 발생하는 중화 반응이 일어나는 것을 알 수 있어요.

$$HCl(aq) \rightarrow H^+(aq) + Cl^-(aq)$$
$$NaOH(aq) \rightarrow Na^+(aq) + OH^-(aq)$$

전체 반응식: $HCl(aq) + NaOH(aq) \rightarrow Na^+(aq) + Cl^-(aq) + H_2O(l)$

알짜 이온 반응식: $H^+(aq) + OH^-(aq) \rightarrow H_2O(l)$

묽은 염산(HCl)과 수산화 나트륨(NaOH) 수용액의 화학 반응식

이때 재미있는 현상은 산의 수소 이온과 염기의 수산화 이온이 항상 1:1로 만나야 한다는 사실입니다. 따라서 수소 이온의 입자수가 수산화 이온의 입자수보다 많을 경우 혼합 용액의 액성은 산성이 되고, 수소 이온의 입자수가 수산화 이온의 입자수보다 적을 경우 혼합 용액의 액성은 염기성이 된답니다. 지금부터 주어진 산과 염기의 양에 따라 액성이 어떻게 달라지는지 실험을 통해 확인해보도록 하겠습니다.

묽은 염산과 수산화 나트륨 수용액의 중화반응

▶▶실험 과정

A: 실험 준비
B: a에 마그네틱바를 넣고 페놀프탈레인 용액을 떨어뜨린 후 교반기 작동
C: a에 0.1M 수산화 나트륨 수용액 15mL를 넣는 모습
D: a의 결과
E: 플라스크 a, b, c의 색 변화

1. 눈금 실린더를 이용하여 0.1M 묽은 염산을 삼각 플라스크 3개에 각각 5mL, 10mL, 15mL씩 넣는다.*(A)

2. 0.1M 묽은 염산 5mL가 담긴 삼각 플라스크를 교반기 위에 올려놓고 마그네틱바를 넣은 후 페놀프탈레인 용액 2~3방울을 떨어뜨린 다음 교반기를 작동시킨다.(B)

3. 눈금 실린더를 이용하여 0.1M 수산화 나트륨 수용액 15mL를 0.1M 묽은 염산 5mL가 담긴 삼각 플라스크에 넣고 색깔의 변화를 관찰한다.(D)

4. 0.1M 묽은 염산 10mL가 담긴 삼각 플라스크를 교반기 위에 올려놓고 마그네틱바를 넣은 후 페놀프탈레인 용액 2~3방울을 떨어뜨린 다음 교반기를 작동시킨다.

5. 눈금 실린더를 이용하여 0.1M 수산화 나트륨 수용액 10mL를 0.1M 묽은 염산 10mL가 담긴 삼각 플라스크에 넣고 색깔의 변화를 관찰한다.(E, b)

6. 0.1M 묽은 염산 15mL가 담긴 삼각 플라스크를 교반기 위에 올려놓고 마그네틱바를 넣은 후 페놀프탈레인 용액 2~3방울을 떨어뜨린 다음 교반기를 작동시킨다.

7. 눈금 실린더를 이용하여 0.1M 수산화 나트륨 수용액 5mL를 0.1M 묽은 염산 15mL가 담긴 삼각 플라스크에 넣고 색깔의 변화를 관찰한다.(E, c)

> * 이번 실험에서는 산과 염기 수용액을 사용하는데요. 각 수용액에서 일정량의 부피를 측정해야 하므로, 사용하는 눈금 실린더가 서로 섞이지 않도록 주의해야 합니다.

염기+산 합체!
중화 반응의 원리

자, 이번 실험에서 얻은 결과를 살펴볼까요? 각 혼합 용액이 반응한 부피와 색깔 변화를 표로 나타내면 다음과 같습니다.

혼합 용액	1	2	3
0.1M HCl(mL)	5	10	15
0.1M NaOH(mL)	15	10	5
색깔 변화	붉은색	무색	무색

각 혼합 용액의 부피에 따른 색깔 변화

　앞서 언급했듯이 산의 수소 이온(H^+)과 염기의 수산화 이온(OH^-)은 항상 1:1로 만나야 중화 반응이 모두 일어나는데요. 첫 번째 결과를 살펴보면 수산화 나트륨(NaOH) 수용액이 과량으로 들어가면서 수산화 이온이 지나치게 많아져 혼합 용액의 액성은 염기성이 되었음을 알 수 있습니다. 두 번째의 경우에는 같은 농도의 두 수용액이 같은 부피만큼 만나 반응한 것이므로 남아도는 수소 이온이나 수산화 이온이 존재하지 않기 때문에 혼합 용액의 액성은 중성이 되어 색의 변화가 무색으로 나타난 것이지요. 마지막 플라스크에는 묽은 염산(HCl)이 과량으로 들어갔는데요. 따라서 혼합 용액 속에 수소 이온이 지나치게 많아져 무색의 결과를 내놓은 것입니다. 정리해보면 다음 표와 같이 산의 수소 이온 입자수와 염기의 수산화 이온 입자수가 혼합 용액 속에 어떻게 존재하느냐에 따라 용액의 액성이 달라지는 것을 알 수 있습니다.

양적 관계	모형	액성
H^+ 몰수 > OH^-	H^+ + OH^- → H^+ + H_2O 100개 50개 50개 50개	산성
H^+ 몰수 = OH^- 몰수	H^+ + OH^- → H_2O 100개 100개 100개	중성
H^+ 몰수 < OH^- 몰수	H^+ + OH^- → OH^- + H_2O 50개 100개 50개 50개	염기성

수소 이온(H^+)수와 수산화 이온(OH^-)수에 따른 혼합 용액의 액성

이번 실험을 통해 중화 반응의 원리를 알아보았습니다. 그렇다면 우리의 생활 속에 나타나는 중화 반응의 사례를 찾아볼까요? 아침에 일어났을 때 속이 쓰린 경험을 해보셨나요? 우리의 몸속 위에서는 단백질의 소화를 돕기 위해 pH2에 해당하는 염산이 분비됩니다. 그런데 위산이 과다하게 분비되면 속이 쓰리겠죠? 이때 복용하는 약이 수산화 마그네슘, 수산화 알루미늄, 탄산 칼슘 등의 약염기가 주성분으로 이루어진 제산제입니다. 다시 말해 제산제를 먹음으로써 위의 산과 중화 반응이 일어나 통증이 완화되는 것이죠.

또 다른 예를 들어볼게요. 여러분은 머리를 감을 때 샴푸, 비누 중 무엇을 사용하나요? 요즘은 두피 건강을 위해 샴푸 없이 머리를 감는 노푸(nopoo)를 하는 사람도 여기 저기 보이는데요. 현대인들의 대부분은 머리를 감을 때 샴푸를 사용합니다. 일부 환경론자들은 샴푸로 인한 오염 문제로 비누를 사용하기도 하고요. 그런데 비누로 머리를 감으

면 비누의 강한 염기성으로 인해 머리카락 각피가 팽창하여 빛이 사방으로 반사되는데요. 이 때문에 머리카락이 부스스해 보이고 윤기도 사라져 뻣뻣해집니다. 하지만 이때 중화 반응의 원리를 이용하면 푸석푸석한 머릿결을 매끈하고 탄력 있게 탈바꿈할 수 있답니다. 식초를 탄 물에 머리를 헹구기만 하면 되지요. 즉 염기와 산의 중화 반응으로 인해 찰랑찰랑 윤기 나는 머릿결을 만들 수 있다는 사실!

마지막으로 몇 가지 사례를 더 살펴봅시다. 겨울철 김장 김치, 해를 넘긴 오래된 묵은지로 보글보글 맛있게 끓인 김치찌개를 먹어본 적 있나요? 생각만 해도 군침이 도는데요. 오늘 저녁도 맛있는 김치찌개를 먹어볼까 하지만, 김치가 너무 시어서 도저히 먹을 수 없을 것 같습니다. 이때 우리는 어떻게 해야 할까요? 맞습니다. 중화 반응의 원리를 적용시키면 되지요. 빵을 만들 때 사용하는 베이킹 소다는 탄산수소 나트륨으로 이루어진 약염기에 해당하므로 이 소다를 찌개에 조금 넣어주면 중화 반응에 의해 김치의 신맛이 조금 덜해진답니다. 또 산에 올라가 벌에 쏘이면 당황하지 말고 암모니아수를 발라주면 되는데요. 벌의 침 성분은 폼산(HCOOH)에 해당하기 때문에 암모니아수의 염기성으로 중화 반응의 원리를 이용해 응급처치를 할 수 있습니다.

자, 지금까지 신맛이 나는 산성과 쓴맛이 나는 염기성, 두 물질이 만나 일으키는 중화 반응의 원리를 살펴보았습니다. 일상생활 속에서 나타나는 다양한 화학 현상 중 중화 반응의 원리에는 또 어떤 것들이 있을까요? 관심 있게 살펴보고 여러분이 직접 그 사례를 한번 찾아보세요.

🧪 주기율표의 비밀2

중국의 주기율표

앞에서 배운 주기율표를 다시 한 번 떠올려봅시다. 수소의 원소 기호는 H, 헬륨의 원소 기호는 He, 리튬의 원소 기호는 Li입니다. 원소 기호는 하나의 약속으로 한국, 미국, 일본, 중국 어딜 가도 바뀌지 않는 만국공통어지요. 그런데 원소 기호를 읽는 방법은 나라마다, 언어마다 다릅니다. 우리나라는 H를 수소라 말하고, 미국은 hydrogen(하이드로젠), 일본은 水素(すいそ, 스이소)라고 말하지요. 특히 중국에서는 각 원소마다 대응하는 한자가 한 글자씩 있는데요. 한자로 표기할 수 있는 원소라도 새로운 글자를 만들어 사용합니다. 원소의 새로운 이름은 한자의 제자 원리 중 형성자를 이용해 만드는데요. 부수는 상온에서의 형태에 따라 气(기체), 水(액체), 石(고체 비금속), 金(고체 금속)을 사용하고, 음 부분은 해당 원소를 음역하거나 그 원소의 성질을 드러내는 한자 혹은 그 한자의 일부를 취해서 넣는다고 합니다. 원소가 새로 발견될 때마다 이를 표기하는 새로운 한자가 만들어진다니, 정말 흥미롭지 않나요?

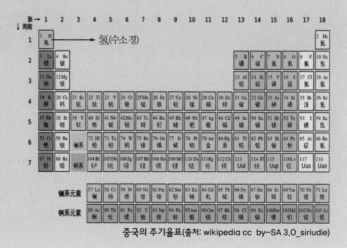

중국의 주기율표(출처: wikipedia cc by-SA 3.0_siriudie)

화학으로
전기 에너지를
만들 수
있을까?

10장

화학 전지의 등장!

전국적으로 불볕더위가 기승을 부리는 한여름날의 저녁. 후덥지근한 열대야로 각 가정에서는 저마다 에어컨과 선풍기로 간신히 더위를 식히고 있는데요. 갑자기 '팟–' 하고 정전이 되고 맙니다. 앞으로 무슨 일이 벌어질까요? 설상가상 집에는 양초 한 개조차 없습니다. 온통 깜깜해진 집 안에서 에어컨이나 선풍기는 돌아가지 않고, 샤워를 하고 싶지만 그마저도 앞이 잘 보이지 않아 여의치 않습니다. 그뿐인가요? 시간이 흘러도 전기가 계속 먹통이라면 냉동고에 들어 있는 얼린 음식은 점점 녹아내릴 것이고, 찬 물 한 컵조차 마실 수 없겠죠! 온 가족이 땀만 삘삘 흘리며 다시 불이 켜지기만을 기다리는 수밖에요. 이때, '짜잔~' 하고 전기가 다시 들어옵니다. 가족 모두 환호성을 지르며 좋아하는데요. 다들 머릿속으로는 무심코 써왔던 전기의 소중함에 대해 떠올렸을 것입니다. 그런데 우리가 아무 생각 없이 사용하고 있는 전기를 화학을 이용해 만들 수 있을까요? 이번 장에서는 화학으로부터 전기 에너지를 얻을 수 있는지 살펴보도록 하겠습니다.

인류의 역사에서 전기는 언제부터 등장했을까요?[33] 그리스 시대에는 호박[34] 보석을 장식품으로 애용했는데요. 장식품을 만드는 과정에서 호박의 표면을 헝겊으로 문질러 닦아야만 했답니다. 이때, 닦으면 닦을수록 작은 종잇조각이나 마른 나뭇잎 등이 호박에 더 잘 달라붙었는데

---

33 참고: 『살아있는 과학 교과서1』, 홍준의 외 3인, 휴머니스트, 186쪽
34 나뭇진의 화석. 보석으로 여겨져 장식이나 장신구에 쓰이지만 광물은 아니다.

요. 이 당시에는 정전기 현상이 왜 일어났는지에 대해 밝혀지지 않았기 때문에 그 현상이 나타나는 이유를 명확히 설명할 수 없었지요. 그런데 이 현상을 철학자 탈레스가 기록으로 남겨두었고, 아마도 이때를 전기의 역사가 시작된 지점으로 볼 수 있을 것 같습니다. 이번 장에서 우리가 다루게 될 화학 전지가 만들어진 때는 그로부터 한참의 시간이 흐른 뒤고요.

1780년 이탈리아의 의사이자 해부학자인 갈바니(Luigi Aloisio Galvani, 1737~1798)는 '동물 전기'에 관심을 갖기 시작했습니다. 그는 반응성이 서로 다른 두 종류의 금속을 죽은 개구리의 근육에 연결했을 때 개구리의 근육이 갑자기 경련을 일으키며 수축하는 것을 관찰하였고, 때마침 실험 테이블에 함께 놓였던 정전기 발생 장치에서 불꽃이 튀자 개구리의 근육에 전기 유체가 있다고 생각했습니다. 그는 이를 '동물 전기'라고 부르며 연구를 더 해나갔지요.

그 후 갈바니의 생각에 의문을 품은 이탈리아의 물리학자 볼타(A. Volta, 1745~1827)는 생명체가 개입하지 않는 전기 장치를 고안하게 됩니다. 그는 먼저 은판과 아연판 사이에 소금물이나 알칼리 용액에 적신 천 조각을 끼운 것을 여러 쌍 겹쳐 쌓았고, 이 장치의 양 끝에 전선을 연결하여 전류를 얻었습니다. 이 전지가 바로 화학으로 만든 최초의 전지인 '볼타 전지'랍니다.[35]

볼타 전지

---

35 참고: 『살아있는 과학 교과서1』, 홍준의 외 3인, 휴머니스트, 196쪽

18세기 말의 과학 작품!
볼타 전지

오늘날 우리가 편하게 사용하는 전지의 출발점인 볼타 전지의 원리에 대해 좀 더 살펴보도록 할까요? 앞에서 우리는 금속의 반응성에 대해 언급한 적이 있습니다. 금속은 서로 가진 능력이 모두 달라서 전자를 잃으려고 하는 경향도 달랐잖아요. 즉, 반응성이 큰 금속은 전자를 잃으려는 경향이 강하고, 상대적으로 반응성이 작은 금속은 전자를 잃으려는 경향이 작았는데요. 바로 그 원리가 화학 전지의 기본이 됩니다. 먼저 전기 회로에서 전류가 흐른다는 말은 실제로 전자가 흐르는 것을 뜻합니다. 다시 말해 화학 전지를 통해 전기 에너지를 얻기 위해서는 전자의 흐름이 자발적으로 이루어질 수 있도록 회로를 꾸며야 한다는

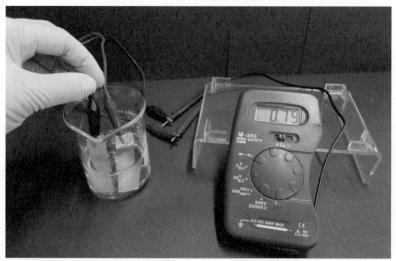

볼타 전지

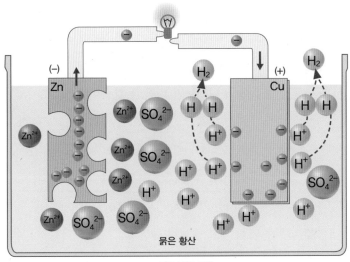

볼타 전지 모형

말이죠. 따라서 두 금속 중 반응성이 큰 금속의 경우 먼저 산화되어 양이온이 되면서 전자를 내놓게 되고, 그 전자가 상대적으로 반응성이 작은 금속 쪽으로 이동하면서 자발적인 전자의 흐름이 이루어진답니다. 이때 또 다른 중요한 요소로는 이들의 흐름이 원활할 수 있도록 전해질이 존재해야 한다는 점입니다. 그러므로 볼타 전지가 작동하는 원리는 다음과 같습니다.

먼저 반응성이 큰 아연 조각은 (−)극이 되어 전자를 잃게 되고, 반응성이 작은 구리 조각이 (+)극이 되므로 전자가 구리 조각 쪽으로 이동하게 됩니다. 이때 (+)극 주변의 화학종들은 고민을 하게 되죠. "(−)극으로부터 오는 전자를 누가 받아야 하지?" 누가 전자를 받아야 하는지 잠시 생각해볼까요? (+)극 주변에는 전해질로 넣어준 수소 이온(H^+)과 황산 이온($SO_4{}^{2-}$), 그리고 구리(Cu) 금속 조각이 있는데요. 세 화학종

중 전자를 받기 가장 유리한 화학종은 양이온에 해당하는 수소 이온 (H$^+$)일 것입니다. 따라서 (+)극에서는 수소 이온이 전자를 받아 환원되므로 수소 기체가 발생하게 되는 것이죠. 각 극에서 일어나는 화학 반응식과 전체 반응식을 정리해보면 다음과 같습니다.

$$(-)극 : Zn(s) \rightarrow Zn^{2+}(aq)+2e^-$$

$$(+)극 : 2H^+(aq)+2e^- \rightarrow H_2(g)$$

전체 반응식: $Zn(s)+2H^+(aq) \rightarrow Zn^{2+}(aq)+2H_2(g)$

그런데 볼타 전지에도 한계가 있어요. (+)극에서 생성된 수소 기체가 얼른 밖으로 빠져 나와주면 또 다른 수소 이온이 달려가 (+)극으로 오는 전자를 받을 수 있을 텐데요. 실제로 발생한 수소 기체는 구리판 주위에 막을 형성하면서 밖으로 빠져나가려고 하지 않습니다. 즉 다른 수소 이온이 달려와도 전자를 받을 수 없는 것이죠. 따라서 전자의 이동이 원활하지 않아 전압이 급격하게 떨어진답니다. 과학자들은 이 현상을 분극현상이라고 하지요.

볼타 전지의 한계를 개선한 다니엘 전지

최초의 화학 전지라는 위엄을 가진 볼타 전지의 한계를 개선하려면 어떻게 해야 할까요? 가장 큰 문제점을 없애면 되겠죠. 분극 현상의 주범

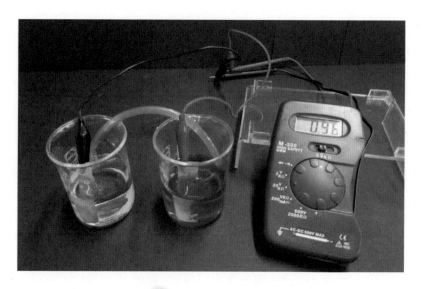

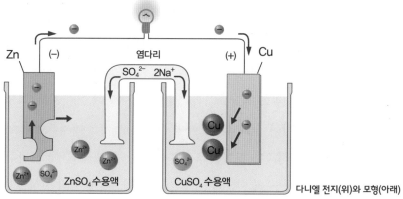

다니엘 전지(위)와 모형(아래)

인 수소 기체로 인해 전자의 이동이 원활하지 않았으므로 수소 이온
이 전자를 얻지 못하도록 조건을 만들어준다면 더 발전된 화학 전지를
만들 수 있습니다. 네, 과학자들이 이 생각을 못할 리가 없죠? 1836년
영국의 화학자 다니엘(John Frederic Daniel, 1790~1845)은 수소 이온이 녹
아 있는 황산(H_2SO_4) 대신 각 금속의 이온이 녹아 있는 용액으로 전

해질을 대체합니다.

　다니엘 전지에서는 먼저 볼타 전지에서 사용했던 아연과 구리 조각을 각각 자신의 이온(아연 이온(Zn^{2+}), 구리 이온(Cu^{2+}))이 녹아 있는 염 수용액, 즉 황산 아연($ZnSO_4$) 수용액과 황산 구리($CuSO_4$) 수용액에 넣어줍니다. 이때 볼타 전지와 마찬가지로 반응성이 큰 아연 조각은 (−)극이 되어 전자를 잃게 되고, 그 전자는 반응성이 작은 구리 조각인 (+)극 쪽으로 이동하게 되는데요. 이때에도 (+)극 주변의 화학종들은 누가 전자를 얻을 것인지에 대해 볼타 전지 때처럼 고민하게 됩니다. 그럼 다니엘 전지의 (+)극 주변에는 어떤 화학종이 있을까요? 볼타 전지와는 다르게 전해질로 넣어준 구리 이온, 황산 이온(SO_4^{2-}), 그리고 구리(Cu) 금속 조각이 있는데요. 이때 세 화학종 중 전자를 받기 가장 유리한 화학종은 양이온에 해당하는 구리 이온입니다. 따라서 (+)극에서 구리 금속이 석출되는 것이죠. 이때 우리가 잘 살펴봐야 할 내용이 있습니다. 239쪽 그림의 왼쪽 비커를 보세요. (−)극에 해당하는 왼쪽 비커에는 아연 조각이 산화되면서 아연 이온으로 계속 빠져나오게 됩니다. 따라서 상대적으로 양이온이 풍부해지죠. 한편, (+)극에 해당하는 오른쪽 비커에는 구리 이온이 계속 전자를 얻으며 환원되어 석출되므로 상대적으로 양이온이 부족하게 된답니다. 이렇게 양쪽 비커의 전하가 불균형해지면 반응은 진행되지 않습니다.

　마치 불변의 진리인 것처럼 자연이 특정 전하가 많은 상태를 허락하지 않는다고나 할까요? 따라서 양쪽의 전하 균형을 맞춰주기 위해 필요한 물질이 있습니다. 바로 염다리(Salt Bridge)인데요. 염다리에 들어가는 화합물은 황산 나트륨(Na_2SO_4)이나 염화 칼륨(KCl)의 포화 수용액으로서 한천과 함께 이들을 녹인 후 U자관에 넣어두면 시간이 지나 말랑말랑한 젤리 같은 상태가 됩니다. 이때 염다리는 용액처럼 흐르지 않으므로 거꾸로 뒤집어 두 비커에 걸쳐 사용할 수 있습니다. 염다리를 이용하면 왼쪽 비커에는 상대적으로 부족한 음이온을, 오른쪽 비커에는 상대적으로 부족한 양이온을 공급해줄 수 있지요. 이렇게 볼타 전지보다 훨씬 더 개선된 화학 전지인 다니엘 전지가 만들어졌는데요. 각 극에서 일어나는 화학 반응식과 전체 반응식을 정리해보면 다음과 같습니다.

$$(-)극 : Zn(s) \rightarrow Zn^{2+}(aq) + 2e^-$$

$$(+)극 : Cu^{2+}(aq) + 2e^- \rightarrow Cu(s)$$

전체 반응식: $Zn(s) + Cu^{2+}(aq) \rightarrow Zn^{2+}(aq) + Cu(s)$

그럼 지금부터 여러분이 볼타와 다니엘이 되어 화학 물질로 전기 에너지를 얻는 실험을 직접 해보도록 하겠습니다.

Chemical lab

볼타전지와다니엘전지

▶▶실험 과정

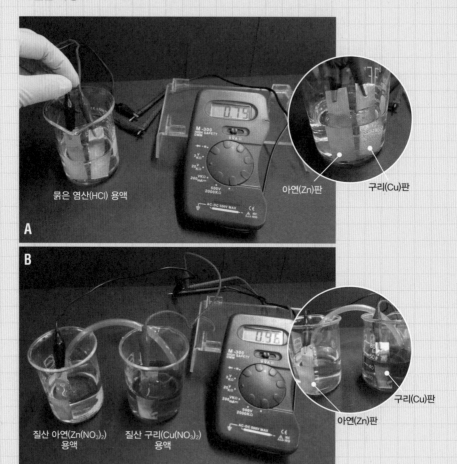

A

묽은 염산(HCl) 용액

아연(Zn)판

구리(Cu)판

B

질산 아연(Zn(NO₃)₂)
용액

질산 구리(Cu(NO₃)₂)
용액

아연(Zn)판

구리(Cu)판

A: 실험 준비1
B: 실험 준비2

1. 100mL 비커에 1M 묽은 염산(HCl) 용액 50mL를 넣는다.*(A)

2. 아연(Zn)판은 (−)극, 구리(Cu)판은 (+)극에 해당하는 집게 전선을 각각 연결한 후 전압계와 연결한다.(A)

3. 각 금속판을 묽은 염산이 담긴 비커에 넣고 전압계의 눈금 변화와 금속판의 변화를 관찰한다.(A)

4. 2개의 100mL 비커에 1M 질산 아연(Zn(NO₃)₂) 용액, 1M 질산 구리(Cu(NO₃)₂) 용액을 각각 50mL씩 넣는다.(B)

5. 아연판은 (−)극에, 구리판은 (+)극에 해당하는 집게 전선을 각각 연결한 후 전압계와 연결한다.(B)

6. 질산 아연 용액에는 아연판을, 질산 구리 용액에는 구리판을 넣은 후 두 비커를 염다리로 연결한다.**(B)

7. 전압계의 눈금 변화와 금속판의 변화를 관찰한다.(A, B)

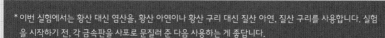

* 이번 실험에서는 황산 대신 염산을, 황산 아연이나 황산 구리 대신 질산 아연, 질산 구리를 사용합니다. 실험을 시작하기 전, 각 금속판을 사포로 문질러 준 다음 사용하는 게 좋습니다.
** 실험에 사용되는 염다리는 직접 만들어서 사용해도 되지만, 최근에는 시중에 판매되는 것도 있으니 참고하세요.

건전지, 휴대폰 배터리에 사용되는
전지의 원리

이제 실험 결과를 정리해볼까요? 먼저 볼타 전지와 다니엘 전지의 경우 이론적인 값으로는 0.76V, 1.10V가 얻어져야 하지만, 실제로는, 0.79V, 0.96V가 나왔습니다. 이론적인 값에 비해 오차가 있는 이유로는 전해질의 농도, 종류, 금속판의 상태, 염다리의 농도 등 여러 가지가 있는데요. 여기서 우리가 의미를 두어야 할 내용은 전자를 잃고 얻는 자발적인 산화 · 환원 반응을 통해 화학 에너지를 전기 에너지로 전환하는 장치인 화학 전지를 만들었다는 사실입니다. 볼타 전지와 다니엘 전지는 비록 현재는 사용하지 않지만, 우리가 쓰는 카메라, 시계, 휴대폰 등 일상생활의 곳곳에서 쓰이는 전지의 가장 기본 원리가 되기 때문에 매우 중요한 의미를 갖고 있답니다.

그럼 실생활에 이용되는 전지에는 어떤 것들이 있는지 살펴볼까

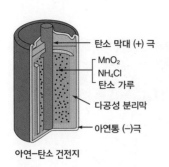

탄소 막대 (+) 극
MnO₂
NH₄Cl
탄소 가루
다공성 분리막
아연통 (−)극

아연-탄소 건전지

요? 먼저 아연-탄소 건전지의 경우 그림과 같이 아연통이 (−)극이 되어 산화 반응이 일어나고 (+)극인 탄소 막대에서는 이산화 망가니즈(MnO_2)와 암모늄 이온(NH_4^+)에 의해 환원 반응이 일어나게 됩니다. 이때 물이 생성되는데, 전해질이 약

한 산성을 띠므로 사용하지 않았을 때에도 아연통이 부식될 수 있다는 단점이 있습니다. 그래서 이를 보완하기 위해 전해질로 수산화 칼륨 (KOH) 수용액을 사용하는 알칼리 건전지가 등장하게 된 것이죠. 한편 휴대폰에 사용되는 리튬 이온 전지는 (-)극과 (+)극, 그리고 전해액으로 구성되어 있습니다. 그런데 전해액이 유기 용매이므로 고온에서 폭발할 위험이 있어 최근에 액체 전해질 대신 고분자 중합체의 폴리머를 사용하는 리튬 폴리머 전지가 등장했답니다.

리튬 이온 전지

이렇게 과학자들의 끊임없는 노력이 있었기에 오늘 우리는 조금 더 편리한 생활을 할 수 있습니다. 화학의 세계에서 인류에게 편리함을 주는 새로운 성과는 앞으로도 계속될 것입니다.

알레산드로 볼타(1745~1827)

볼타는 연속 전류를 공급해줄 수 있는 전지를 처음으로 개발한 이 탈리아의 물리학자입니다. 그는 전기에 큰 관심을 갖고 1775년 정전 기를 일으킬 수 있는 전기쟁반을 개발했습니다. 또한 1778년 메테인 을 분리해내는데 성공하기도 했지요. 전압을 측정하는 단위인 볼트 는 1881년 볼타의 업적을 기려 그의 이름을 따서 지어졌답니다.

A. Volta

존 다니엘(1790~1845)

영국의 화학자이자 기상학자인 다니엘은 1831년 런 던에 킹스 칼리지가 설립되었을 때 초대 화학 교수로 초빙되었습니다. 그는 볼타 전지의 기전력 감쇠의 원 인에 대해 연구하며 비교적 장시간 사용할 수 있는 다니엘 전지를 발명했답니다.

John Frederic Daniel

Thales

탈레스(BC 624~BC 545)

탈레스는 세계를 구성하는 자연적 물질의 근원을 밝힌 최초의 사람으로, 그것을 물(水)이라 칭했습니다. 또한 그는 고대 그리스의 철학자이자, 밀레투스 학파의 창시자로 여겨지지요. 고대 그리스의 철학자인 아리스토텔레스는 탈레스를 '철학의 아버지'라고 일컬었답니다.

Luigi Aloisio Galvani

루이지 갈바니(1737~1798)

갈바니는 이탈리아의 해부학자이자 생리학자입니다. 그는 1780년에 해부한 개구리의 다리가 해부도에 닿자 경련이 일어나는 것을 보고, 그것이 생체전기 때문에 일어나는 현상이라고 생각했지요. 같은 현상을 '종류가 다른 금속들 사이의 전위 차 때문에 일어나는 것'으로 본 볼타와 논쟁을 벌이기도 했습니다.

전기 에너지로 화학 물질을 얻을 수 있을까?

14장

금도끼와 은도끼, 그 후

나무꾼이 산에서 나무를 하다가 연못에 도끼를 빠뜨렸습니다. 실의에 빠진 나무꾼이 연못가에 앉아 울고 있는데, 마침 산신령이 나타나 "왜 그리 슬피 우는 것이냐?" 하고 사연을 묻게 되죠. 나무꾼의 사연을 들은 산신령은 금도끼와 은도끼를 가져와 큰 소리로 말합니다. "이 도끼가 네 도끼냐?" 착한 나무꾼은 "쇤네의 도끼는 쇠도끼입니다"라고 정직하게 고백하지요. 이에 감탄한 산신령은 나무꾼에게 금도끼와 은도끼를 모두 선물합니다. 착한 나무꾼의 이야기를 전해들은 욕심쟁이 나무꾼은 일부러 도끼를 연못에 빠뜨리고 산신령이 나타나길 기다렸는데요. 거짓말로 인해 오히려 화를 당하게 됩니다.

이 이야기는 어렸을 적 즐겨 읽었던 이솝우화에 수록된 전래 동화 '금도끼와 은도끼'인데요. 화학을 배운 여러분이라면 이야기에 조금 더 살을 붙여볼 수 있습니다.

마음씨 착한 나무꾼은 욕심쟁이 나무꾼을 찾아갑니다. 그리고 산신령이 주신 금도끼와 은도끼를 가지고 화학적 원리를 적용하여 쇠도끼에 도금된 금도끼와 은도끼를 더 만들어 많은 사람들과 함께 나눠쓰자고 제안을 하죠. 다행히 욕심쟁이 나무꾼도 그 전 일을 겪은 후 마음을 착하게 먹기로 다짐한지라 두 사람은 손을 맞잡고 화학 실험실로 들어가게 됩니다. 둘은 전기 에너지를 이용하여 열심히 마을 사람들의 쇠도끼를 멋진 금도끼와 은도끼로 도금시켜 나눠주었지요. 이에 더욱 감동한 산신령은 착하게 사는 두 나무꾼에게 더 큰 상을 내렸답니다.

이 이야기에서 두 나무꾼은 어떤 화학적 원리를 이용했을까요? 먼저 금도끼와 은도끼로 도금한 쇠도끼의 원리가 무엇인지 살펴보도록 하겠습니다. 앞장에서 화학 물질을 이용하여 자발적인 전자의 흐름이 이루어지도록 산화·환원 반응을 일으켜 전기 에너지를 얻는 화학 전지에 대해 배웠는데요. 이번 장에서는 산화·환원 반응을 통해 전기 에너지를 이용하여 화학 물질을 얻어내는 전기 분해의 원리를 다룰까 합니다.

전기 분해란 무엇일까?

전기 분해는 용어 그대로 전기 에너지를 이용해 화합물을 분해시키는 것이라고 보면 되는데요. 전기 분해를 통해 전해질 용융액이나 전해질 수용액에 직류 전류를 흘려주어 전해질의 각 이온들이 서로의 반대 전하 쪽으로 끌려가게 되면서 각 물질을 얻을 수 있답니다. 이때 (+)극에 도착한 음이온은 전자를 잃으면서(산화) 홑원소 물질로 얻어지고, (−)극에 도착한 양이온은 전자를 얻으면서(환원) 홑원소 물질로 얻어지게 되죠.

예를 들어 염화 나트륨($NaCl$) 용융액[36]을 전기 분해시키면 (+)극으로는 음이온인 염화 이온(Cl^-)이 끌려가 전자를 잃고 염소 기체(Cl_2)가 발생하게 되고, (−)극으로는 양이온인 나트륨 이온(Na^+)이 다가가 전자를 얻고 금속 나트륨(Na)으로 석출되지요. 따라서 다음과 같은 화학 반응이 일어납니다.

---

36 용융은 고체가 융점에 도달해 액체 상태가 되는 것을 말한다. 따라서 용융액이란 고체의 물질을 열로 녹인 액체 상태의 물질을 뜻한다.

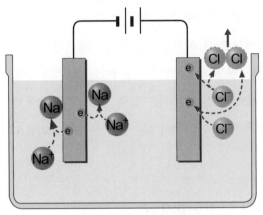

염화 나트륨 용융액의 전기 분해

$$\text{(+)극} : 2Cl^- \rightarrow Cl_2 + 2e^-$$
$$\text{(-)극} : 2Na^+ + 2e^- \rightarrow 2Na$$

그렇다면 전해질 수용액을 이용할 경우에는 어떨까요? 전해질 수용액은 전해질 용융액과는 다르게 물이 있기 때문에 조금 신중할 필요가 있습니다. 즉 수용액의 양이온이 칼륨 이온(K^+), 칼슘 이온(Ca^{2+}), 나트륨 이온(Na^+), 바륨 이온(Ba^{2+}), 알루미늄 이온(Al^{3+})인 경우 이들은 물보다 전자를 얻기 어렵기 때문에 이들 양이온 대신 물이 전자를 얻는 반응($2H_2O + 2e^- \rightarrow H_2 + 2OH^-$)이 일어나게 됩니다. 한편 수용액 속 음이온에서도 같은 사례를 찾을 수 있는데요. 예를 들면 플루오린화 이온(F^-), 황산 이온(SO_4^{2-}), 탄산 이온(CO_3^{2-}), 질산 이온(NO_3^-), 인산 이온(PO_4^{3-})은 물보다 전자를 잃기 어렵기 때문에 여기서도 마찬가지로 이들 음이온 대신 물이 전자를 잃는 반응($2H_2O \rightarrow 4H^+ + O_2 + 4e^-$)이 일어나게 됩니다. 따라서 염화 나트륨(NaCl) 수용액을 전기 분

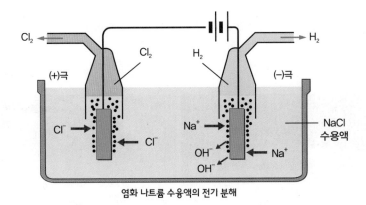

염화 나트륨 수용액의 전기 분해

해하면 (+)극으로는 음이온인 염화 이온(Cl^-)이 끌려가 전자를 잃고 염소 기체(Cl_2)가 발생하지만, (−)극에서는 양이온인 나트륨 이온(Na^+)의 환원이 일어나는 것이 아니라 주변의 물(H_2O)의 환원 반응이 일어나 수소 기체(H_2)가 발생하고 수산화 이온(OH^-)이 생성됩니다. 즉, 아래와 같은 화학 반응이 일어난다고 볼 수 있지요.

$$(+)극 : 2Cl^- \rightarrow Cl_2 + 2e^-$$

$$(-)극 : 2H_2O + 2e^- \rightarrow H_2 + 2OH^-$$

자, 그럼 지금부터 몇 가지 수용액의 전기 분해 실험을 해보도록 하겠습니다.

Chemical lab

전해질 수용액의 전기 분해

▶▶실험 과정

A: 실험 준비1
B: 두 비커를 염다리로 연결한 후
C: B에 연결된 집게 도선을 빼고 각 극에 BTB 용액을 떨어뜨린 후
D: 실험 준비2
E: 두 비커를 염다리로 연결한 후
F: E에 연결된 집게 도선을 빼고 각 극에 BTB 용액을 떨어뜨린 후

1. 2개의 비커에 0.1M 염화 나트륨(NaCl) 수용액 약 30mL씩을 각각 넣는다.(A)

2. 9V 건전지와 연결된 스냅 집게 전선과 탄소 막대 2개를 각각 연결한 후 두 비커 속 수용액에 탄소 막대를 넣는다.*(A)

3. 두 수용액이 들어 있는 비커를 염다리로 연결한 후 각 극에서 어떤 변화가 나타나는지 관찰한다.**(B)

4. 두 수용액에 연결된 집게 도선을 빼고, 각 극에 BTB 용액을 떨어뜨려 수용액의 색깔이 어떻게 변하는지 관찰한다.(C)

5. 2개의 비커에 황산 구리(CuSO₄) 수용액 약 30mL씩을 각각 넣는다.(D)

6. 9V 건전지와 연결된 스냅 집게 전선과 탄소 막대 2개를 각각 연결한 후 두 비커 속 수용액에 탄소 막대를 넣는다.(D)

7. 두 수용액이 들어 있는 비커를 염다리로 연결한 후 각 극에서 어떤 변화가 나타나는지 관찰한다.***(E)

8. 두 수용액 속 탄소 막대에 연결된 집게 도선을 빼고, (+)극에 BTB 용액을 떨어뜨려 수용액의 색깔이 어떻게 변하는지 관찰한다.(F)

* 이번 실험에서 사용되는 탄소 막대는 굵은 연필심을 이용하면 됩니다.

** 실험에 사용되는 염다리는 직접 만들어도 되지만, 시중에 판매되는 것을 이용해도 됩니다. 또한 (+)극과 (−)극이 어떤 선으로 연결되었는지 유의해서 살펴보세요!

*** 이때에도 마찬가지인 거 아시죠? (+)극과 (−)극이 어떤 선으로 연결되었는지 유의해야 합니다.

두 나무꾼이
쇠도끼를 도금한 원리

먼저 염화 나트륨(NaCl) 수용액의 전기 분해 과정을 살펴봅시다. (+)극
에서는 염소 기체(Cl_2)가, (-)극에서는 나트륨 이온의 환원 대신 물의
환원 반응이 일어나 수소 기체(H_2)가 발생했는데요.

$$NaCl(aq) \longrightarrow Na^+(aq) + Cl^-(aq)$$
$$(+)극 : 2Cl^-(aq) \longrightarrow Cl_2(g) + 2e^-$$
$$(-)극 : 2H_2O(1) + 2e^- \longrightarrow H_2(g) + 2OH^-(aq)$$

이때 (-)극은 생성된 수산화 이온(OH^-)에 의해 용액의 액성이 염기
성이 되어 BTB 용액으로 인해 파란색을 띠게 됩니다. 한편 (+)극에서
는 용액의 색깔이 노란색으로 변하는 이유가 무엇일까요? 바로 염소
기체 때문입니다. 염소 기체가 물에 녹으면서 염산(HCl)과 하이포아염
소산(HClO)이 생성되어 용액의 액성이 산성이 되었기 때문이죠.

황산 구리($CuSO_4$) 수용액의 전기 분해 결과는 어땠나요? 염화 나트
륨 수용액처럼 양쪽 극에서 기체가 발생하지 않고 (+)극에서만 기체가
발생하는데요. 먼저 (+)극에서는 황산 이온(SO_4^{2-})의 산화 대신 물의
산화 반응이 일어나 산소 기체(O_2)가 발생했고, (-)극에서는 구리 이온

(Cu^{2+})의 환원 반응이 일어나 구리(Cu) 금속이 석출됐습니다.

$$CuSO_4(aq) \rightarrow Cu^{2+}(aq) + SO_4{}^{2-}(aq)$$
$$(+)극 : 2H_2O(l) \rightarrow 4H^+(aq) + O_2(g) + 4e^-$$
$$(-)극 : Cu^{2+}(aq) + 2e^- \rightarrow Cu(s)$$

또한, (+)극은 BTB 용액에 의해 노란색으로 변했는데요. 이것은 물의 산화 반응으로 생성된 수소 이온으로 인해 용액의 액성이 산성이 되었기 때문입니다.

자, 이렇게 어떤 전해질이 수용액이냐에 따라 (+)극과 (-)극에서 얻어지는 물질, 그리고 액성은 달라질 수 있습니다. 그렇다면 다시 나무꾼 이야기로 돌아가보도록 할까요? 나무꾼은 어떻게 도금된 금도끼와 은도끼를 만들 수 있었을까요? 그렇죠! 바로 전기 분해의 원리를 이용하면 됩니다. 다시 말해 '(+)극에는 도금시키고자 하는 금속(금도끼나 은도끼)을 연결하여 산화 반응이 일어나도록 하고, (-)극에는 내가 도금하고자 하는 대상(쇠도끼)을 연결하여 환원 반응이 일어나게 해주는 것입니다. 만약 은판을 이용하여 은수저를 도금하고 싶을 경우 258쪽 표의 그림과 같이 (+)극에는 은판을 연결하고, (-)극에는 수저를 연결하여 (+)극에서는 산화 반응이, (-)극에서는 환원 반응이 일어나게 해야 한다는 뜻이죠. 이때 또 하나 중요한 요소가 있는데요. 바로 전해질입니다. 전해질의 경우 도금시킬 금속 이온이 녹아 있는 도금액으로 맞춰줘야 한다는 사실을 잊지 마세요!

따라서 두 나무꾼이 쇠도끼를 금으로 도금하고자 한다면, 먼저 산신

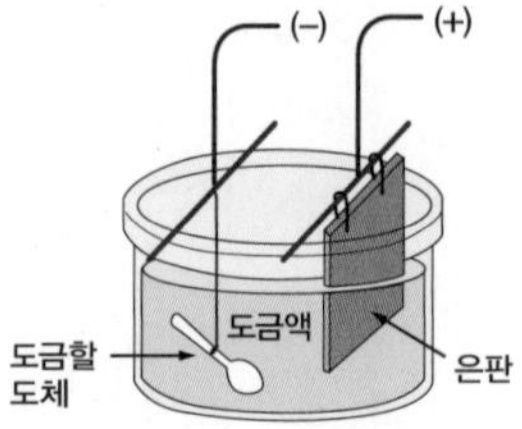

구분	(+)극	(−)극
	도금시킬 금속 (산화 반응)	도금할 물체 (환원 반응)
	$Ag \rightarrow Ag^+ + e^-$	$Ag^+ + e^- \rightarrow Ag$
	전해질: 도금시킬 금속이 녹아 있는 도금액	

은 도금의 원리

령한테서 받은 순금의 금도끼를 (+)극에 연결하고, (−)극에는 사람들과 나눠 쓰게 될 쇠도끼를 연결하면 되겠죠. 이때 전해질[37]로 금 이온이 녹아 있는 수용액을 준비해 용기 안에 넣고 전원 장치만 연결하면 끝!

은도끼를 도금하는 원리도 마찬가지입니다. 순은의 은도끼는 (+)극에 연결하여 산화 반응이, 도금시키고자 하는 쇠도끼는 (−)극에 연결하여 환원 반응이 일어나도록 장치한 다음 마찬가지로 은 이온이 녹아 있는 용액에 넣고 전원 장치만 연결하면 되지요.

지금까지 살펴본 전기 분해의 원리는 여러 분야에서 널리 이용되고 있는데요. 황동석의 형태로 존재하는 구리의 제련 과정에서도, 보크사이트의 형태로 존재하는 알루미늄을 정련하는 기술에서도, 또 크롬 도금을 한 철제 기구에도 모두 전기 분해의 원리가 적용됩니다. 다음 그림은 구리의 제련 과정을 모형화한 것인데요. 우리가 사용하는 구리

---

37 금도금이나 은도금 때 사용되는 전해질로 교과서에서는 질산 금($AuNO_3$) 수용액이나 질산 은($AgNO_3$) 수용액을 소개한다. 실제 실험에서는 사이안화 금($AuCN$)과 사이안화 칼륨(KCN)을 혼합한 용액, 또는 사이안화 은($AgCN$)과 사이안화 칼륨을 혼합한 용액을 사용하게 되는데 이때 사이안화 칼륨이 일명 '청산가리'라고 부르는 매우 위험한 시약이므로 권장하지 않기 때문이다.

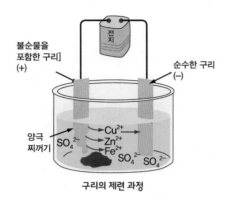

불순물을
포함한 구리]
(+)

전지

순수한 구리
(-)

양극
찌꺼기

→Cu²⁺→
SO_4^{2-} →Zn²⁺→
→Fe²⁺
SO_4^{2-} SO_4^{2-}

구리의 제련 과정

의 대부분은 황동석($CuFeS_2$)이나 휘동석(Cu_2S) 등의 황화 구리 광석
으로부터 얻지만, 이렇게 얻은 구리는 조잡하거나 발포성을 띤 구리이
므로 다시 전기 분해 과정을 거쳐야 합니다. 따라서 (+)극에는 불순물
을 포함한 구리인 조동(粗銅, 조잡한 구리)을 연결하고, (-)극에는 순수한
구리 조각인 순동(純銅)을 연결한 후 구리 이온(Cu^{2+})이 용해되어 있는
전해질에 넣어 산화·환원 반응이 일어나도록 해주는 것이죠. 즉 (+)극
에서는 산화 반응이 일어나므로 구리보다 반응성이 큰 금속과 구리가
금속 양이온의 형태로 빠져 나오게 되고, (-)극에서는 환원 반응이 일
어나므로 구리 이온만 전자를 얻어 순수한 구리 조각의 표면에 구리
가 석출되는 것입니다. 이때 구리보다 반응성이 큰 이온은 수용액 속
에 이온 상태 그대로 존재하게 됩니다.

앞에서 반응성이 큰 양이온은 상대적으로 우월하기에 양이온을 고
집한다고 했던 것 기억나죠? 그렇다면 구리보다 반응성이 작은 금속들
이 조잡한 구리, 조동(粗銅)에 함께 포함되어 있다면 이들은 어떻게 될
까요? 여기서도 같은 논리가 적용됩니다. 구리보다 상대적으로 반응성
이 약하다면 수용액 속 양이온으로 빠져 나오지 못하고, 그냥 금속 상

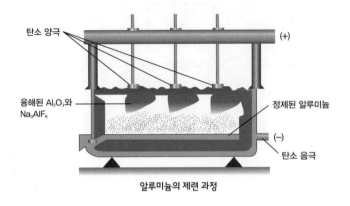

탄소 양극

(+)

용해된 Al₂O₃와
Na₃AlF₆

정제된 알루미늄

(−)

탄소 음극

알루미늄의 제련 과정

태로 머물게 되겠죠. 따라서 그 금속들은 전기 분해 과정이 일어나는 동안 (+)극에 매달린 조동 아래 쪽으로 뚝뚝 떨어지게 되고, 우리는 이것을 '양극 찌꺼기'라고 부릅니다.

한편, 알루미늄 제련 과정에도 전기 분해의 원리가 적용됩니다. 산화 알루미늄의 수화물인 보크사이트로부터 순수한 알루미늄을 얻기 위해서는 불순물을 제거하는 몇 가지 과정을 거쳐야 합니다. 그 후 순수한 산화 알루미늄이 얻어지면 용융 빙정석(Na_3AlF_6, 녹는점 1000℃)을 사용해 전기 분해함으로써 순수한 알루미늄을 얻을 수 있지요. 이때 산화 알루미늄은 빙정석에 의해 상당히 많은 양이 용해되고 이로 인해 빙정석 용액의 녹는점도 낮아지게 되는데요. 이렇게 빙정석과 산화 알루미늄의 혼합물을 탄소 전극을 사용해 전기 분해하면 바닥의 환원 전극인 (−)극에서 알루미늄을 얻을 수 있습니다. 알루미늄은 가열하는 단계부터 전기 분해하는 과정까지 엄청난 양의 에너지를 소모하는데요. 철 1톤을 만드는 데 석탄 1톤에 해당하는 에너지가 필요하다면 알루미늄 1톤을 만드는 데에는 그 10배에 해당하는 에너지가 필요하다는 사실! 왜 우리가 알루미늄을 재활용해야 하는지 이제 잘 알겠죠? 우리가 무심코 사용하는 일상생활의 용품들 중 많은 것들이 바로 화학적 원리와의 반응을 통해 만들어진다는 사실, 정말 재미있지 않나요?

영광의 그 이름, 노벨 화학상

다이너마이트의 발명가인 알프레드 노벨(Alfred Bernhard Nobel, 1833~1896)을 아시나요? 노벨상은 노벨이 1895년에 작성한 유언에 따라 매년 12월 10일, 그의 기일에 인류의 문명 발달에 학문적으로 기여한 사람에게 주어지는 상입니다.

노벨 평화상, 노벨 물리학상, 노벨 문학상, 노벨 화학상, 노벨 생리학·의학상, 노벨 경제학상이 있고요. 노벨 화학상은 1901년부터 수여되기 시작해 스웨덴 왕립 과학원에서 매년 시상식이 진행됩니다. 노벨 화학상 수상자는 금으로 된 메달과 표창장, 그리고 1천만 스웨덴 크로나(한화 약 16억 8천 1백 9십 만원)의 상금을 받게 된답니다.

노벨상은 이미 사망한 사람에게는 수여되지 않지만, 수상자로 정해진 뒤 상을 받기 전에 사망한 사람은 그대로 수상자로 유지됩니다. 또한 공동 수상이 가능하나 4명 이상의 사람들에게는 공동 수상 되지 않습니다.

노벨상

알프레드 노벨
(Alfred Bernhard Nobel, 1833~1896)

야코뷔스 반트 호프
(Jacobus Henricus van't Hoff, 1852~1911)

야코뷔스 반트 호프(Jacobus Henricus van't Hoff, 1852~1911)는 1901
년에 화학동역학 법칙 및 삼투압을 발견하여 최초로 노벨 화학상
을 받은 사람입니다. 역대 노벨상 수상자는 인터넷 상에 아주 자세
히 나와 있으니 궁금한 친구들은 한번 찾아보세요.

*노벨상 홈페이지 www.nobelprize.org

노벨상을 받은 한국인은 고(故) 김대중 대통령 한 분으로 2000
년에 노벨평화상을 수상하셨답니다. 우리나라는 아직 다른
분야에서는 수상자가 나오지 않고 있는데요. 지금 이 책
을 읽고 있는 여러분이 미래의 노벨상, 노벨 화학상 수상
자가 되어 화학의 세계에 이름을 드높일 수 있기를 소
망해봅니다.

김대중 대통령
(출처: wikipedia CC BY 3.0_Kremlin.ru)